雜糧堅果饅頭
養生第一

紫米饅頭
流行第一

豌豆仁饅頭
Easy 第一

牛蒡饅頭
元氣第一

薑黃粉饅頭
唰嘴第一

杏桃乾饅頭
天然第一

芋頭饅頭
紮實第一

黑芝麻饅頭
滋味第一

巴西里饅頭
口味第一

熱狗饅頭
滿足第一

抹茶饅頭
清爽第一

地瓜饅頭
好感第一

葵瓜子饅頭
健康第一

洋蔥饅頭
辛甜第一

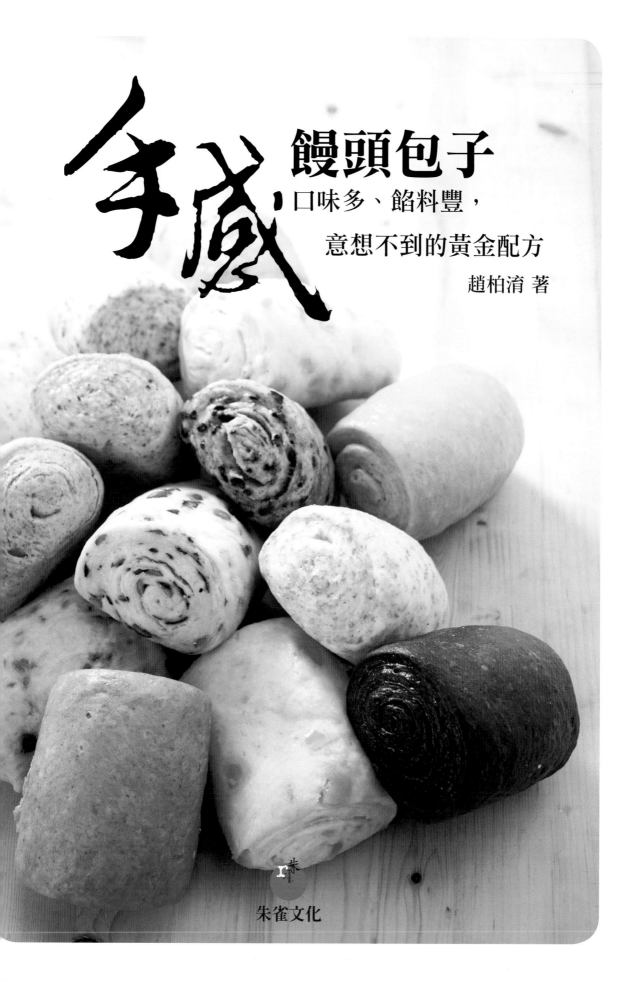

手感 饅頭包子

口味多、餡料豐，

意想不到的黃金配方

趙柏淯 著

朱雀文化

百變饅頭和包子
請你跟我一起玩

　　台灣人屬南方人，原本是吃米飯，因為接觸了自大陸遷移來的北方人，也跟著吃麵食。但是因為飲食文化與生活環境不同，南北方的口味還是有很大的差距。北方人將麵食當作主食，要求紮實、有飽足感；南方人則視為點心，講究口感鬆軟帶甜味、花樣多。南方麵食一定要有鬆綿軟甜的風味，所以在製作上麵粉、酵母、添加物的選擇及製作方法與流程要正確，才能做出南方人喜好的口感。為了讓大家都能在家做出美味的饅頭和包子，這次應朱雀文化的邀請，我特別設計了這本多樣口味的南方饅頭和包子的食譜。

　　常常聽到學員們有很多疑問：為什麼每個老師教的不一樣？每家店販售的口感不一樣？看電視教學老是做不好？查網路的資料與配方試著做不OK？為什麼小時候媽媽做的產品時好時壞？教學多年，這樣的疑惑早已聽過不下數百遍。如果真的對發酵麵食很有興趣，希望做出的成品得到親朋好友的肯定，建議要買一本好書先自行試作並做紀錄，再查詢作者有沒有在業界教學、教學經驗及口碑如何？取得資訊後，實際去上課，了解實作上的疑問，再反覆練習。

　　從一次次的失敗中檢討和累積經驗，終會做出自己滿足期待的美味饅頭和包子。

　　製作基本原味的饅頭只需要麵粉、水和酵母，如果喜歡甜味就加些糖，喜歡鹹味就加一點鹽；近來養生概念很夯，在饅頭裡加進些養生的食材又有何不可呢？饅頭包子本是一家，做了各種饅頭之後，自然會想嘗試做做看包子，所以本書內容的架構有甜味饅頭、鹹味饅頭、養生饅頭及美味包子等四大項。

　　製作南方發酵麵食只需要50～60分鐘，利用速溶酵母，簡單、快速、易學的特性，還可以加進各種口味，輕鬆變化出多種甜、鹹、養生類饅頭跟美味包子，再搭配上詳細的配方、解說和圖片，可以說是玩饅頭的入門書。

　　我雖從事麵食教學與研究麵食二十幾年，但仍不敢自詡專家，本書如果有遺漏不足之處，望先進不吝指導。另期待讀者可以跟我多多網路互動切磋。感謝朱雀文化給予的機會及拍攝團隊的辛勞。

趙柏淯

手感

饅頭包子
口味多、餡料豐，
意想不到的黃金配方

Content
目錄

Part 1 甜味饅頭

Part 2 鹹味饅頭

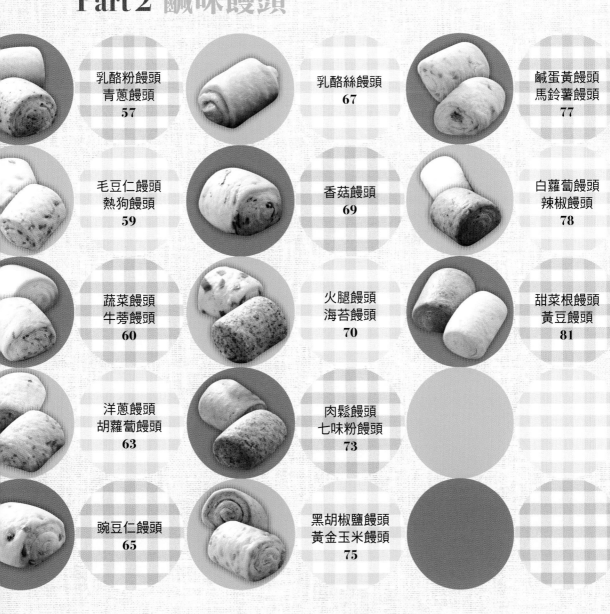

手感 饅頭包子
口味多、餡料豐，意想不到的黃金配方
Content
目錄

Part 3 養生饅頭

本書中的份量：
- ●1小匙＝5c.c.
- ●1大匙＝15c.c.
- ●1碗＝240c.c.
- ●書中所列的成品數量，會因饅頭、包子麵糰分割的大小不同而有差異。分割的小麵糰可視個人喜好調整大小。

Part 4 美味包子

認識 基本工具

工欲善其事，必先利其器。
要想做出好吃的饅頭和包子，
先認識我們要使用的幾樣基本工具，
瞭解功用和特性，才能事半功倍！

蒸籠

有竹編、不鏽鋼、鋁、白鐵等材質。竹蒸籠最好，蒸出來的成品會有一股竹香，只可惜竹蒸籠保存不易，而且也不太好買，所以一般家庭比較常用的是不鏽鋼蒸籠。使用不鏽鋼蒸籠的時候，記得把饅頭、包子放進蒸籠後，一定要蓋上一條乾紗布，再蓋上蒸籠蓋，紗布會吸收蒸籠內的水蒸氣，蒸出美味的成品。

發酵桶

必須選擇不鏽鋼或是塑膠材質的發酵桶，因為木桶會吸麵團的水分，這樣會破壞發酵。如果是家庭要用的發酵桶，以直徑20公分的為佳，如果桶子太寬，麵糰膨脹時將無法觸碰到桶子的邊緣，容易導致發酵不良；如果太淺的話，麵糰發酵膨脹後會溢出來。

擀麵棍

主要是用來擀壓麵糰，有木製或是鐵質混合不鏽鋼的材質，不過現在另有硬質塑膠材質。木質的因為有彈性，比較好用，也比較道地。有各種尺寸，一般來說，用直徑約2.5公分、長30公分的即可，在五金行、烘焙材料行都買得到。常做麵食的人還可以多準備一支直徑約3～4公分、長80～90公分的擀麵棍，可在烘焙材料行或蒸籠店購得。

包餡竹片

用來包餡料必備的工具。竹製品比較容易因潮濕而發霉、龜裂，而不鏽鋼製品無上述的缺點，比較耐用，而且容易清洗、好保存。

紗布

欲蒸熟饅頭、包子時，可在底下墊一層吸水力強的紗布，可吸收蒸製過程中產生的水蒸氣。

切麵刀

市面上常見的有塑膠和不鏽鋼兩種材質，除了用來切割麵皮以外，也可以用來刮除工作檯上的乾硬麵皮。不鏽鋼材質的很耐用，平均可以用10年以上。

防油蠟紙

在烘焙材料行買得到。是一種象牙白色，光滑且帶有亮度的紙張，一般多裁剪成小正方形或圓形，是可以防油的蠟紙。另外，也有販售面積較大的，可以購回自行裁切想要的尺寸。

計時器

在蒸熟包子、饅頭時，以本書中的食譜（600克麵粉）為例，大約要蒸10～11分鐘。為免忘記蒸的時間，建議可用計時器定好時間，就不怕蒸過頭了！

秤

在製作饅頭、包子等麵點，以及蛋糕、麵包等食物時不可或缺的測量工具。市面上常見的有傳統秤和電子秤，電子秤可以測到1克以下，精確度高。可依個人預算和習慣選購。使用時，如果是將材料放在容器裡面秤，記得要扣除容器的重量，使用電子秤的話，別忘了要歸零。

認識基本材料

知己知彼，才能百戰百勝！所以在製作麵點時，一定要先瞭解我們會使用到的材料，這樣才能夠正確應用，做出自己滿意的成品喔！

速溶酵母

速溶酵母（Instant Yeast）是由天然的新鮮酵母低溫乾燥製成，外觀是細粒或幾近粉末狀，淡淡的土黃色，可直接加入麵粉內攪拌使用，或者溶解於冷水（或溫水30～40℃）內。因為它容易溶解，在溫度16～18℃的環境下即可發酵，25℃以上發酵速度更快，所以又叫做「快速酵母」。速溶酵母是因應使用機器大量快速生產而開發出的，一旦開封，要將封口緊密紮好，然後放入冰箱冷藏或儲存在陰涼乾燥的地方，依保存期限盡量快速用完。加入過多酵母會有濃重的酵母味，嗅感不好、口感太過綿軟無嚼勁，浪費成本。酵母過少發酵力不夠，會導致饅頭膨脹不足、體積小、嚼勁硬實。

中筋麵粉

蛋白質的含量約8～10.5％，用速溶酵母製作的發麵，最好選用蛋白質含量約8.5～9.5％範圍的中筋麵粉。用100％中筋麵粉製作的饅頭口感較紮實，但如果喜愛鬆軟風味，可調整麵粉的成分，例：中筋麵粉90％＋低筋麵粉10％、中筋麵粉80％＋低筋麵粉20％，或者中筋麵粉85％＋低筋麵粉15％等等，低筋麵粉添加越多，口感越鬆軟、越無嚼勁且彈力差。

低筋麵粉

蛋白質的含量約7～8.5％，多應用在製作蛋糕和中式點心上，添加在發麵麵食上，可以調整口感或降低成本。

泡打粉

是化學膨大劑之一，由蘇打粉加其他酸性材料，另加一些澱粉為填充劑的白色粉末狀。泡打粉加太多會有苦澀味，成品口感過於綿軟、粗糙無嚼勁。泡打粉加太少倒無所謂，因為製作饅頭時，加了會稍微更鬆軟些（類似強效劑稍微加強效果），所以泡打粉可加可不加。一般業者在製作時添加泡打粉，是為了讓體積膨大賣相佳，使消費者錯覺同一價錢買到較大的產品，其實重量並未增加。

糖

選用白色細砂糖。糖是餵食酵母所需的養分，加糖可以幫忙發酵，但是過多的話就會抑制酵母的發酵。最好不要超過食譜比例的8%，還有，太甜也會蓋過麵粉的香氣。麵粉內本身含有很多的澱粉，慢慢咀嚼就有甜味，但南方人喜愛的甜是糖的甜味，所以坊間的饅頭甜味重。糖加少的話，甜味不夠，但多了麵粉香。

奶粉

全脂、低脂和脫脂均適用。奶粉有營養和香氣，加入適量就好，市面上有的饅頭奶香很濃，是加入了人工奶香料。

白油

是以椰子油或棕櫚油的液體油經製油氫化的過程製成，是固體狀。只要選擇好的麵粉和製作過程正確，即使不添加油脂也可以。業者添加是為了想讓饅頭的表皮光滑、亮度佳、賣相好，以及增加饅頭內部組織的柔軟。液體油與固體油脂均可適用，固體油脂較方便操作、效果好。

水

指常溫下的水。夏天製作產品時，室內的水溫即可。天氣稍涼或冬天製作產品時，水溫可提高38～41℃（水溫過高酵母會被燙死）。稍添加1～2％的水可使饅頭揉軟些，但水份過多，饅頭會不夠挺立，出爐濕黏且迅速縮皺沒彈力。水份太少的話，嚼勁硬實、粗糙。

鹽

添加鹽可增加麵糰的筋性，但量需控制在2%以下，超過會抑制酵母的發酵力。製作鹹饅頭可加，甜饅頭則可以不加。

好好吃補給站　饅頭口感和風味的差異，在於：

1. 麵粉品牌的選購。麵粉內蛋白質含量的多寡，例如中筋麵粉的蛋白質比低筋麵粉高，成品口感較有嚼勁，低筋麵粉蛋白質低，吃起來較鬆軟。

2. 水份添加的多寡。

3. 生產設備和製作手法的不一。

4. 各廠牌添加物的輔助，它的效能是增加饅頭的鬆軟、Q彈、體積、潔白，延緩老化，即使放好幾天都不會變硬。

成功做饅頭和包子的 4大重點！

市面上琳瑯滿目口味的饅頭和包入可口餡料的包子，總能吸引老饕大排長龍。其實只要學會發麵的做法和技巧，再加入各種食材，如蔬菜汁、有顏色的粉類、果乾，就能像變魔術般變化出多種口味的饅頭。

手工饅頭和包子除了口味、餡料選擇性多，口感更是機器壓出的饅頭比不上的，而且麵皮很有嚼勁、組織結實和帶有香味，絕對讓你愛上它。翻閱食譜後立刻想躍躍欲試嗎？首先，你必須先瞭解以下幾個重點：

 重點**1**

瞭解發麵

饅頭、包子、花捲、叉燒包、水煎包等發麵麵食口感鬆軟Q彈，而且有一種發酵的特殊香氣，都是由發麵糰製作。所謂「發麵」，就是經過發酵作用的麵糰（又稱發麵糰）。發麵所需的基本材料是麵粉、酵母、水，在適當的溫度下，由麵粉、酵母和水均勻混合揉成的麵糰，靜置一段時間後麵糰組織會變得鬆軟，麵糰內部充滿了二氧化碳氣體，導致體積膨脹成原本的2～3倍的「發麵糰」。依據發酵時間的長短，會有不同的成品呈現。

 重點**2**

瞭解發酵

發麵糰會脹大，是酵母菌生長和繁殖的作用所產生的化學變化。酵母菌吸收和利用麵粉內的蛋白質、澱粉、醣類及其他營養物質後，會產生大量的二氧化碳，當中的醣類在轉化酵素下分解成葡萄糖和果糖，在適當的溫度及條件下，澱粉和水結合會先分解成麥芽糖，再分解成葡萄糖，於是酵母為維持它的生命和繁殖，吸收了這些葡萄糖和果糖，同時進行呼吸作用迅速分解為二氧化碳氣體。隨著發酵時間的增長，將會產生熱、酒精、水及一些有機物，這些東西都會保存在麵糰內，所以麵糰會膨脹、柔軟，經過整型、熟製後，才會有口感Q軟、好吃且具有發酵香味的產品，所以發酵是必需的。

重點**3**

如何發酵

本書中的所有饅頭、包子，都是採用速溶酵母。速溶酵母的發酵十分簡單，直接將速溶酵母倒入麵粉內，加水攪和，再將麵糰揉至光滑，就可以放進發酵桶中發酵了，操作過程可參照p.14。

重點4 瞭解機器和手工的流程差異

機器和手工製作的程序不同，機器製作的優點是省力、可一次製作大量、成品的外觀較平整；而手工製作雖較耗時，但最大的優點在於口感佳、有嚼勁，讀者可透過以下的流程和個人需求，選擇適當的製作方法。

用機器製作饅頭

將麵粉、水、酵母和其他添加物等倒入攪拌機內攪拌成糰（麵糰呈粗糙狀，沒有乾麵粉殘留即可）→靜置一旁（又稱醒）約3～5分鐘→以壓麵機來回將麵糰壓製成光滑均勻的麵皮→醒約3～5分鐘→捲成長條圓柱狀，刀切成一小段（稱整型和分割）→放入發酵箱內發酵（又稱最後發酵）約10～20分鐘 →放入蒸籠蒸熟。

純手工製作饅頭

將麵粉、水、酵母和其他添加物等倒入不鏽鋼盆內，用手快速和成糰（約3～4分鐘，至麵糰上沒有乾麵粉殘留）→取出放在工作檯上，雙手將麵糰揉至均勻光滑（應在約10分鐘內將麵糰揉好，如果揉不動，可分兩次揉。第一次揉3～4分鐘至麵糰上沒有乾麵粉殘留，用塑膠袋包住或用微濕的紗布蓋好，靜置10分鐘後麵糰微柔軟，再揉第二次1～2分鐘，麵糰很快就均勻光滑）→靜置於工作檯上，蓋上微濕的紗布或放入發酵桶內密封好，發酵約15～20分鐘（室溫25～32℃發酵15～20分鐘，室溫18～24℃發酵20～30分鐘，室溫18℃以下發酵不理想，必須放入專業發酵箱或放置暖爐製造理想的發酵室溫）→用桿麵棍將麵糰桿壓成0.3～0.5公分厚的麵皮，再捲成長條圓柱狀，刀切成一小段（稱整型和分割）→放入蒸籠內靜置（又稱最後發酵）約10～20分鐘（室溫25～32℃發酵10～12分鐘，室溫18～24℃發酵15～20分鐘） →放入蒸籠蒸熟。

用機器製作包子

將麵粉、水、酵母和其他添加物等倒入攪拌機內攪拌成糰（麵糰呈粗糙狀，沒有乾麵粉殘留即可）→靜置一旁（又稱醒）約3～5分鐘→以壓麵機來回將麵糰壓製成光滑均勻的麵皮→醒約3～5分鐘→用圓形的空心模壓出一個個圓麵皮，再用桿麵棍桿成中間厚、周邊薄的麵皮（稱整型和分割）→包餡料→放入發酵箱內發酵（又稱最後發酵）約10～15分鐘 →放入蒸籠蒸熟。

純手工製作包子

過程和饅頭一樣，在整型時將麵皮捲成長條圓柱狀，刀切成一個個的小麵糰，再用桿麵棍桿成中間厚、周邊薄的麵皮（稱整型和分割）→包餡料→放入蒸籠內靜置（又稱最後發酵）約10～20分鐘（室溫25～32℃發酵10～12分鐘，室溫18～24℃發酵15～20分鐘）→放入蒸籠蒸熟。

用速溶酵母製作發麵流程和步驟

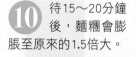

速溶酵母製作饅頭 DIY

1 速溶酵母入碗內，再倒入1/4碗清水。

4 倒入清水，準備和麵。

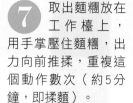

7 取出麵糰放在工作檯上，用手掌壓住麵糰，出力向前推揉，重複這個動作數次（約5分鐘，即揉麵）。

10 待15～20分鐘後，麵糰會膨脹至原來的1.5倍大。

2 用小茶匙輕輕攪拌，使酵母溶解於水中。

5 用手將麵粉和水和成糰（就是攪拌）。

8 麵糰均勻光滑的狀態。

11 取出麵糰。

3 酵母溶解好，馬上倒入麵粉之中。

6 和麵至鋼盆周邊和底部沒有乾粉即成「糰」。

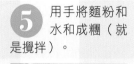

9 麵糰入發酵桶，蓋上蓋子或濕布，靜置15～20分鐘（第一次發酵）。

12 在工作檯上先撒上一層薄薄的麵粉。

手工饅頭、包子雖然好吃，但許多人擔心自己製作很費時。放心，只要選擇速溶酵母發酵，可以省下很多的時間。以速溶酵母製作就很省時又方便！理論上來看它的流程是：攪拌成糰揉到均勻光滑→基本發酵15～20分鐘→用擀麵棍將光滑的麵糰擀成長方形的麵皮，將麵皮捲成圓柱狀，切割長塊狀（整型、分割）→放入蒸籠內（最後發酵）→蒸→出爐。而DIY過程如下：

包子整型 DIY

13 不需要再揉麵，直接用擀麵棍將麵糰上下左右擀開。

14 擀成長60、寬25、厚0.4～0.5公分的長方形麵皮。

15 用毛刷刷除麵皮上的乾粉。

16 在麵皮上噴一層薄薄的水（可使麵皮捲起的層次間較密合）。

17 雙手將麵皮捲成圓柱狀。

18 切成6～7公分長的枕頭形。

1 取一塊發酵完成的麵糰，雙手搓揉成直徑1.8～2公分的圓柱狀。

2 用麵刀切成每個重50克的小麵糰。

3 擀成圓麵皮。

4 擀成中間厚周邊薄的圓麵皮。

5 製作包子打褶的手勢。

6 還沒蒸熟的饅頭和包子。

15

手工製作的小叮嚀

想要製作出美味的饅頭，每個步驟與環節都不能忽視。以下是我在教學多年整理出讀者需要注意的事項，相信只要在操作的過程中多加留意，一定能減少失敗的機率。

1 手工製作時，因手勁不如壓麵機，饅頭的表皮面難免有點粗糙，不要太自責。

2 手工製作，發酵15～20分鐘即可。因速溶酵母發酵力快，發太久會使麵糰內部的氣體流失掉且麵糰的彈力疲乏了，蒸好的成品就會縮皺乾硬，有的書籍寫著發1.5～2小時是錯誤的。

3 麵糰擀壓的厚度0.2～0.5公分皆可，但不要超過0.5公分，因為饅頭太大蒸熟的時間不易掌控，建議製作600克的麵粉量，麵皮擀壓至0.4公分厚，切成約9～10個產品。

4 最後發酵的時間約10～20分鐘不等，由室溫和饅頭的重量大小決定。以110～120克重的饅頭，室溫25～32℃發酵10～12分鐘，室溫18～24℃發酵15～20分鐘，如果超過或小於110～120克重，需自行拿捏時間。

5 蒸熟的火力和時間，火力由饅頭的數量決定，時間則由饅頭的重量大小決定。110～120克重的饅頭來看，蒸一層約9～10個，用中火蒸10～11分鐘。蒸二層約18～20個饅頭，用中大火蒸10～11分鐘。蒸三層約27～30個饅頭，用大火蒸10～11分鐘。四層以上的話，以家庭的火力設備是不夠的，所以不要製作太多。如果超過或小於110～120克，那要自行增減時間了，饅頭重量每增加或減少10克。就要增減30～40秒的時間。

6 不鏽鋼製的蒸籠吸水蒸氣差、價錢稍便宜、好清洗和保存，所以在蒸饅頭時，饅頭底部除了墊蒸籠紙外，最好再墊兩條紗布幫助吸水蒸氣，還有在蒸籠上面鋪蓋一條紗布，再蓋上蒸籠蓋（竹蒸籠的蓋子因竹子會吸水，所以不需要鋪紗布）。

7 蒸鍋內的水要沸騰才開始蒸，以自家蒸鍋深度的4成的水量（半鍋水稱5成，比半鍋少一些就是4成）為最適當。如果鍋內水量太多，饅頭底部吸入太多水氣，饅頭會濕濕的、有硬硬的死麵，而且還會縮皺。但如果鍋內水量太少，水蒸氣不足饅頭會蒸不熟，所以水量是最後成敗的關鍵，需控制好。

8 蒸好的饅頭出爐的程序要注意，否則功虧一簣，讀者可留意以下步驟：蒸的時間到→馬上關火→雙手拿乾布將蒸籠抬起→放置工作檯→掀開蒸籠蓋 →將乾布塞在蒸籠底部的一側，使蒸籠傾斜一邊，此時蒸籠內的水蒸氣將由傾斜之處散發，如果將蒸籠平放在工作檯上，水蒸氣會往蒸籠底部竄升，使產品底部濕黏甚至會塌陷。

9 竹製蒸籠吸水蒸氣強、好用但價錢貴，但保存不得法容易發霉，所以使用完畢清洗後，以空籠蒸15～20分鐘，放在通風的地方，不要包覆蓋住，欲使用時再沖洗灰塵即可。

10 饅頭、包子沒吃完，放入冰箱冷凍，回鍋的方法：將饅頭包子置於冰箱冷藏庫退冰→放入蒸籠（要墊紗布）蒸7～8分鐘，放入電鍋內蒸。內鍋放入2/3杯水，放上蒸架，用微濕的紗布或廚房紙巾包覆好饅頭包子，待電鍋內鍋水蒸乾跳起，燜8～9分鐘即可取出食用。

瞭解本書配方中的百分比計算

究竟食譜內標示著「%」是什麼意思呢？「%」的制定是幫助我們計算使各種食材間得到一個平衡和美味感，也就是各種食材和麵粉之間的黃金比例。製作饅頭，麵粉是佔最多成份的食材，所以將麵粉的比例訂為100%，其他食材的數量，可依照各食材所訂的比例乘以麵粉的重量得知。舉例來說，如果用麵粉600（100%）克製作饅頭，速溶酵母的比例是麵粉的1.5%，泡打粉的比例是麵粉的1%，水的比例是麵粉的55%，糖的比例是麵粉的2%，油脂的比例是麵粉的2%，數量可參照以下方法算出

麵粉（100%）600克

速溶酵母	1.5% →	1.5% × 600（克）=	9克
泡打粉	1% →	1% × 600（克）=	6克
水	1% →	55% × 600（克）=	330克
糖	2% →	2% × 600（克）=	12克
油脂	2% →	2% × 600（克）=	12克

好好吃補給站

難道百分比（%）一點都不能更動嗎？

不是的，但必須技術純熟經驗老道的功力才會懂得調整，調整百分比的原因往往是麵粉的性質改變、生產環境的遷移或消費者口感的要求或時代的流行等才會修改。

香Q可口的甜饅頭，
不論當早餐或點心都很合適。
而且饅頭的甜不會膩口，
反倒有一股淡淡的清香，
好吃又沒負擔。

Part1

甜味饅頭

咖啡饅頭
好吃第一

鮮奶饅頭
好感度第一

鮮奶饅頭

材料	百分比(%)	份量（克）
中筋麵粉	80	480
低筋麵粉	20	120
泡打粉	1	6
速溶酵母	1.5	9
水	35	210
細砂糖	8	48
白油	3	18
全脂鮮奶	20	120
鮮奶香料	2	12

做法

1. 速溶酵母放入1大匙水中溶解。鮮奶回常溫再使用。將中、低筋麵粉、細砂糖、泡打粉、鮮奶香料等混合均勻。
2. 放入酵母溶液、鮮奶、水拌至成糰。放入白油，將麵糰揉至光滑。（見圖**1**）
3. 放入發酵桶中，蓋上蓋子或濕布，發酵15～20分鐘。（詳細的發麵麵糰製作過程參照p.14）
4. 不需要揉，直接將麵糰擀成厚0.5公分、寬約20公分長方形狀的光滑麵皮。
5. 將麵皮從下往上捲成圓柱狀，整型，切成每段6～7公分、重100克。（見圖**2**）
6. 一段一段放入蒸籠（每個間隔2公分），放置一旁蓋上濕布發酵10～15分鐘。以中小火蒸10～11分鐘。

> **好好吃補給站** 如果全部用鮮奶做饅頭，發酵不好，所以要搭配一些水份。鮮奶的奶香味不夠，所以坊間都添加鮮奶香料來提香。

咖啡饅頭

材料	百分比(%)	份量（克）
中筋麵粉	80	480
低筋麵粉	20	120
泡打粉	1	6
速溶酵母	1.5	9
水	55	330
細砂糖	8	48
奶粉	4	24
白油	3	18
咖啡香精	5	30

做法

1. 速溶酵母放入1大匙水中溶解。將中、低筋麵粉、細砂糖、泡打粉、奶粉等混合均勻。咖啡香精加入水中溶解。（見圖**1**）
2. 放入酵母溶液、水和咖啡拌至成糰。放入白油，將麵糰揉至光滑。
3. 放入發酵桶中，蓋上蓋子或濕布，發酵15～20分鐘。（詳細的發麵麵糰製作過程參照p.14）
4. 不需要揉，直接將麵糰擀成厚0.5公分、寬約20公分長方形狀的光滑麵皮。（見圖**2**）
5. 將麵皮從下往上捲成圓柱狀，整型，切成每段6～7公分、重100克。
6. 一段一段放入蒸籠（每個間隔2公分），放置一旁蓋上濕布發酵10～15分鐘。以中小火蒸10～11分鐘。

> **好好吃補給站** 製作咖啡饅頭可以用沖泡式咖啡，但香氣不夠，所以用適量的咖啡香料來輔助。

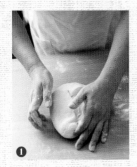

❶ ❷ ❶ ❷

肉桂饅頭
可口第一

酒釀饅頭
簡單第一

肉桂饅頭

成品約9～10個

材料	百分比 (%)	份量（克）
中筋麵粉	100	600
泡打粉	1	6
速溶酵母	1.5	9
水	55	330
細砂糖	2	12
白油	2	12
肉桂粉	0.5	3

好好吃補給站
肉桂粉的味道非常濃郁，還帶些苦味，所以適量即可。

做 法

1. 速溶酵母放入1大匙水中溶解。麵粉、肉桂粉混合過篩與細砂糖、泡打粉等混合均勻。（見圖1）
2. 放入酵母溶液、水拌至成糰。放入白油，將麵糰揉至光滑。
3. 放入發酵桶中，蓋上蓋子或濕布，發酵15～20分鐘。（詳細的發麵麵糰製作過程參照p.14）
4. 不需要揉，直接將麵糰擀成厚0.5公分、寬約20公分長方形狀的光滑麵皮。
5. 將麵皮從下往上捲成圓柱狀，整型，切成每段6～7公分、重100克。（見圖2）
6. 一段一段放入蒸籠（每個間隔2公分），放置一旁蓋上濕布發酵10～15分鐘。以中小火蒸10～11分鐘。

酒釀饅頭

成品約9～10個

材料	百分比 (%)	份量（克）
中筋麵粉	100	600
泡打粉	1	6
速溶酵母	1.5	9
水	25	150
細砂糖	2	12
白油	2	12
酒釀	35	210

好好吃補給站
酒釀饅頭會有一點點來自酒釀的酸味，饅頭表面會有點濕黏，則是因為酒釀裡的糯米粒有黏性。

做 法

1. 速溶酵母放入1大匙水中溶解。麵粉、細砂糖、泡打粉等混合均勻。
2. 放入酵母溶液、水、酒釀拌至成糰。放入白油，將麵糰揉至光滑。（見圖1）
3. 放入發酵桶中，蓋上蓋子或濕布，發酵15～20分鐘。（詳細的發麵麵糰製作過程參照p.14）
4. 不需要揉，直接將麵糰擀成厚0.5公分、寬約20公分長方形狀的光滑麵皮。（見圖2）
5. 將麵皮從下往上捲成圓柱狀，整型，切成每段6～7公分、重100克。
6. 一段一段放入蒸籠（每個間隔2公分），放置一旁蓋上濕布發酵10～15分鐘。以中小火蒸10～11分鐘。

紅豆饅頭
香甜第一

紅豆饅頭

成品約9～10個

材料	百分比(%)	份量（克）
中筋麵粉	85	510
低筋麵粉	15	90
泡打粉	1	6
速溶酵母	1.5	9
水	55	330
細砂糖	2	12
奶粉	4	24
白油	2	12
蜜漬紅豆	20	120

好好吃 補給站
自己製作的蜜漬紅豆會太濕黏，所以建議到烘焙店購買。這樣在攪拌的時候才不會變得太碎爛。

做 法

1. 速溶酵母放入1大匙水中溶解。將中、低筋麵粉、細砂糖、泡打粉、奶粉等混合均勻。
2. 放入酵母溶液、水拌至成糰。放入白油，將麵糰揉至光滑。
3. 放入發酵桶中，蓋上蓋子或濕布發酵15～20分鐘。（詳細的發麵麵糰製作過程參照p.14）
4. 不需要揉，直接將麵糰擀成厚0.5公分、寬約20公分長方形狀的光滑麵皮。（見圖1）
5. 麵皮上鋪蜜紅豆。將麵皮從下往上輕輕捲成圓柱狀（捲緊，以免蜜紅豆脫落）。（見圖2、3）
6. 整型，切成每段6～7公分、重100克。（見圖4）
7. 一段一段排入蒸籠（每個間隔2公分），放置一旁，蓋上濕布發酵10～15分鐘。以中小火蒸10～11分鐘。

芋頭饅頭
紮實第一

芋頭饅頭

成品約12～13個

材料	百分比(%)	份量(克)
中筋麵粉	100	600
泡打粉	1	6
速溶酵母	1.5	9
水	55	330
細砂糖	2	12
奶粉	4	24
白油	2	12
芋頭丁	50	300

好好吃
補給站

芋頭可以切成細絲蒸軟，再與麵粉、水一起拌揉，不過芋頭絲會化成綿綿粉狀。

做 法

1. 速溶酵母放入1大匙水中溶解。芋頭削皮洗淨切丁，放入蒸籠蒸15分鐘，冷卻備用。麵粉、細砂糖、泡打粉、奶粉等混合均勻。（見圖1）
2. 放入酵母溶液、水、芋頭丁拌至成糰。放入白油，將麵糰揉至光滑。（見圖2）
3. 放入發酵桶中，蓋上蓋子或濕布，發酵15～20分鐘。（詳細的發麵麵糰製作過程參照p.14）
4. 在桌上撒一層麵粉（即手粉，防麵皮沾黏）。不需要揉，直接將麵糰擀成厚0.5公分、寬約20公分長方形狀的光滑麵皮。（見圖3）
5. 將麵皮輕輕從下往上捲成圓柱狀，整型，切成每段6～7公分、重100克。（見圖4）
6. 一段一段放入蒸籠（每個間隔2公分），放置一旁蓋上濕布發酵10～15分鐘。以中小火蒸10～11分鐘。

綠豆仁饅頭
消暑第一

綠豆仁饅頭

成品約9～10個

材料	百分比(%)	份量（克）
中筋麵粉	85	510
低筋麵粉	15	90
泡打粉	1	6
速溶酵母	1.5	9
水	55	330
細砂糖	2	12
奶粉	4	24
白油	2	12
綠豆仁	20	120

好好吃補給站

綠豆仁很容易軟爛，與麵粉一起搓揉顆粒會碎掉，饅頭的體積與張力也會小一點。

做法

1. 速溶酵母放入1大匙水中溶解。綠豆仁洗淨瀝乾，注入冷水淹過綠豆仁表面。蒸熟冷卻備用。（見圖1）
2. 中、低筋麵粉、細砂糖、泡打粉、奶粉等混合均勻。
3. 放入酵母溶液、水、熟綠豆仁拌至成糰。放入白油，用手掌底部的力量，將麵糰揉至光滑。（見圖2）
4. 放入發酵桶中，蓋上蓋子或濕布，發酵15～20分鐘。（詳細的發麵麵糰製作過程參照p.14）
5. 不需要揉，直接將麵糰擀成厚0.5公分、寬約20公分長方形狀的光滑麵皮。（見圖3）
6. 將麵皮從下往上捲成圓柱狀整型，切成每段6～7公分、重100克。
7. 切割成長約6～7公分，每個約重100克的麵糰。（見圖4）
8. 一段一段放入蒸籠（每個間隔2公分），放置一旁蓋上濕布發酵10～15分鐘。水滾了之後，以中小火蒸10～11分鐘。

❶

❷

❸

❹

栗子饅頭
保健第一

核桃饅頭
簡便第一

核桃饅頭

材料	百分比(%)	份量（克）
中筋麵粉	100	600
泡打粉	1	6
速溶酵母	1.5	9
水	55	330
細砂糖	2	12
白油	2	12
核桃	15	90

做法

1. 速溶酵母放入1大匙水中溶解。核桃放入烤箱烤15分鐘（爐溫110℃），取出切小粒。麵粉、細砂糖、泡打粉等混合均勻。

2. 放入酵母溶液、水、核桃粒拌至成糰。放入白油，將麵糰揉至光滑。（見圖1）

3. 放入發酵桶中，蓋上蓋子或濕布，發酵15～20分鐘。（詳細的發麵麵糰製作過程參照p.14）

4. 不需要揉，直接將麵糰擀成厚0.5公分、寬約20公分長方形狀的光滑麵皮。

5. 將麵皮從下往上捲成圓柱狀，切割成長約6～7公分，每個約重100克的麵糰。（見圖2）

6. 一段一段放入蒸籠（每個間隔2公分），放置一旁蓋上濕布發酵10～15分鐘。以中小火蒸10～11分鐘。

好好吃 補給站　烤過的核桃口感不錯，不過要小心爐溫，烤焦了會有苦味。

栗子饅頭

材料	百分比(%)	份量（克）
中筋麵粉	100	600
泡打粉	1	6
速溶酵母	1.5	9
水	55	330
細砂糖	2	12
白油	2	12
乾栗子	20	120

做法

1. 速溶酵母放入1大匙水中溶解。栗子洗淨浸泡1小時後瀝乾，加入2碗清水放入電鍋蒸熟，冷卻後剝成小塊備用。

2. 麵粉、細砂糖、泡打粉等混合均勻。放入酵母溶液、水和栗子拌至成糰。

3. 放入白油，將麵糰揉至光滑。

4. 放入發酵桶中，蓋上蓋子或濕布，發酵15～20分鐘。（詳細的發麵麵糰製作過程參照p.14）

5. 不需要揉，直接將麵糰擀成厚0.5公分、寬約20公分長方形狀的光滑麵皮。（見圖1）

6. 將麵皮從下往上捲成圓柱狀，切割成長約6～7公分，每個約重100克的麵糰。（見圖2）

7. 一段一段放入蒸籠（每個間隔2公分），放置一旁蓋上濕布發酵10～15分鐘。以中小火蒸10～11分鐘。

好好吃 補給站　如果是買新鮮的板栗就不需要浸泡，洗淨直接蒸軟，切小塊即可。

南瓜饅頭
飽足第一

南瓜饅頭

成品約10～11個

材料	百分比(%)	份量（克）
中筋麵粉	100	600
泡打粉	1	6
速溶酵母	1.5	9
水	50	300
細砂糖	2	12
奶粉	4	24
白油	2	12
南瓜	30	180

好好吃補給站 南瓜皮很營養，所以不要削掉；蒸熟的南瓜泥水份很多，揉麵時如果太濕黏，可酌加一些乾麵粉。

做 法

1. 速溶酵母放入1大匙水中溶解。南瓜洗淨切丁放入蒸籠蒸20～30分鐘，趁熱壓成泥狀備用。（見圖1）
2. 麵粉、細砂糖、泡打粉、奶粉等混合均勻。
3. 放入酵母溶液、水拌至成糰。放入南瓜泥、白油揉至光滑。（見圖2）
4. 放入發酵桶中，蓋上蓋子或濕布，發酵15～20分鐘。（詳細的發麵麵糰製作過程參照p.14）
5. 不需要揉，直接將麵糰擀成厚0.5公分、寬約20公分長方形狀的光滑麵皮，將麵皮從下往上捲成圓柱狀。（見圖3）
6. 整型，切成每段6～7公分、重100克。（見圖4）
7. 一段一段放入蒸籠（每個間隔2公分），放置一旁蓋上濕布發酵10～15分鐘。
8. 以中小火蒸10～11分鐘。

❶

❷

❸

❹

橄欖饅頭
創新第一

橄欖饅頭

材料	百分比(%)	份量（克）
中筋麵粉	100	600
泡打粉	1	6
速溶酵母	1.5	9
水	55	330
細砂糖	2	12
白油	2	12
橄欖	20	120

做法

1. 速溶酵母放入1大匙水中溶解。橄欖去核，放入2大匙蘭姆酒，浸泡微軟再切小丁。（見圖1）
2. 麵粉、細砂糖、泡打粉等混合均勻。
3. 放入酵母溶液、水、橄欖丁拌至成糰。放入白油，將麵糰揉至光滑。（見圖2）
4. 放入發酵桶中，蓋上蓋子或濕布，發酵15～20分鐘。（詳細的發麵麵糰製作過程參照p.14）
5. 不需要揉，直接將麵糰擀成厚0.5公分、寬約20公分長方形狀的光滑麵皮。（見圖3）
6. 將麵皮從下往上捲成圓柱狀，切割成長約6～7公分，每個約重100克的麵糰。（見圖4）
7. 一段一段放入蒸籠（每個間隔2公分），放置一旁蓋上濕布發酵10～15分鐘。以中小火蒸10～11分鐘。

好好吃
補給站
橄欖有鹹味及甜味，品種不同醃漬手法就不一樣。本書的配方內混合了鹹味的草綠色橄欖及甜味的黑色橄欖來製作。

花生粉饅頭
迷人第一

椰子粉饅頭
清香第一

花生粉饅頭

成品約9～10個

材料	百分比(%)	份量（克）
中筋麵粉	85	510
低筋麵粉	15	90
泡打粉	1	6
速溶酵母	1.5	9
水	53	318
細砂糖	5	30
奶粉	4	24
白油	2	12
無糖花生粉	10	60

好好吃 補給站 選購無糖的花生粉時，要聞聞看有沒有異味、新不新鮮，才可使用。

做法

1. 速溶酵母放入1大匙水中溶解。中、低筋麵粉、細砂糖、泡打粉、奶粉、花生粉等混合均勻。（見圖1）
2. 放入酵母溶液、水拌至成糰。放入白油，將麵糰揉至光滑。
3. 放入發酵桶中，蓋上蓋子或濕布，發酵15～20分鐘。（詳細的發麵麵糰製作過程參照p.14）
4. 不需要揉，直接將麵糰擀成厚0.5公分、寬約20公分長方形狀的光滑麵皮。
5. 將麵皮從下往上捲成圓柱狀，切割成長約6～7公分，每個約重100克。（見圖2）
6. 一段一段放入蒸籠（每個間隔2公分），放置一旁蓋上濕布發酵10～15分鐘。以中小火蒸10～11分鐘。

椰子粉饅頭

成品約9～10個

材料	百分比(%)	份量（克）
中筋麵粉	85	510
低筋麵粉	15	90
泡打粉	1	6
速溶酵母	1.5	9
水	53	318
細砂糖	5	30
奶粉	4	24
白油	3	18
椰子粉	8	60 克

好好吃 補給站 椰子粉可以放進烤箱，以120℃烤6～7分鐘，呈微焦黃色，更香更好吃。（見圖2）

做法

1. 速溶酵母放入1大匙水中溶解。中、低筋麵粉、細砂糖、泡打粉、奶粉、椰子粉等混合均勻。
2. 放入酵母溶液、水拌至成糰。放入白油，將麵糰揉至光滑。（見圖1）
3. 放入發酵桶中，蓋上蓋子或濕布，發酵15～20分鐘。（詳細的發麵麵糰製作過程參照p.14）
4. 不需要揉，直接將麵糰擀成厚0.5公分、寬約20公分長方形狀的光滑麵皮。
5. 將麵皮從下往上捲成圓柱狀，切割成長約6～7公分，每個約重100克。
6. 一段一段放入蒸籠（每個間隔2公分），放置一旁蓋上濕布發酵10～15分鐘。以中小火蒸10～11分鐘。

黑糖饅頭
香醇第一

葵瓜子饅頭
健康第一

黑糖饅頭

材料	百分比(%)	份量(克)
中筋麵粉	80	480
低筋麵粉	20	120
泡打粉	1	6
速溶酵母	1.5	9
水	53	318
白油	3	18
黑糖	10	60
黑糖香料	2	12

做 法

1. 黑糖放入1大匙水中溶解、過篩，滴入黑糖香料拌勻。（見圖1）速溶酵母放入1大匙水中溶解。

2. 中、低筋麵粉、酵母、泡打粉等混合均勻。放入黑糖溶液、酵母溶液、水拌至成糰。

3. 放入白油，將麵糰揉至光滑。

4. 放入發酵桶中，蓋上蓋子或濕布，發酵15～20分鐘。（詳細的發麵麵糰製作過程參照 p.14）

5. 不需要揉，直接將麵糰擀成厚0.5公分、寬約20公分長方形狀的光滑麵皮。（見圖2）

6. 將麵皮從下往上捲成圓柱狀，切割成長約6～7公分，每個約重100克。

7. 將麵糰一個一個放入蒸籠（每個間隔2公分），放置一旁蓋上濕布發酵10～15分鐘。以中小火蒸10～11分鐘。

好好吃 補給站　市面上熱賣的黑糖蜜，顏色黑又亮，味道香濃，那是添加了一些黑糖香料的成果。黑糖香料是濃縮的黑糖香液，如果想吃得比較天然，可以不加。

❶

❷

葵瓜子饅頭

材料	百分比(%)	份量(克)
中筋麵粉	100	600
泡打粉	1	6
速溶酵母	1.5	9
水	55	330
細砂糖	5	30
白油	2	12
葵瓜子	15	90

做 法

1. 速溶酵母放入1大匙水中溶解。葵瓜子放入烤箱烤10分鐘（爐溫110℃），取出切小粒。

2. 麵粉、細砂糖、泡打粉等混合均勻。

3. 放入酵母溶液、水、葵瓜子拌至成糰。放入白油，將麵糰揉至光滑。（見圖1）

4. 放入發酵桶中，蓋上蓋子或濕布，發酵15～20分鐘。（詳細的發麵麵糰製作過程參照 p.14）

5. 不需要揉，直接將麵糰擀成厚0.5公分、寬約20公分長方形狀的光滑麵皮。

6. 將麵皮從下往上捲成圓柱狀，切割成長約6～7公分，每個約重100克。（見圖2）

7. 一段一段放入蒸籠（每個間隔2公分），放置一旁蓋上濕布發酵10～15分鐘。以中小火蒸10～11分鐘。

好好吃 補給站　葵瓜子也可以放進鍋裡，以小火耐心炒10分鐘左右。

❶

❷

黑芝麻饅頭
滋味第一

雞蛋饅頭
營養第一

成品約9~10個

黑芝麻饅頭

材料	百分比(%)	份量(克)
中筋麵粉	100	600
泡打粉	1	6
速溶酵母	1.5	9
水	56	336
細砂糖	5	30
奶粉	4	24
白油	3	18
熟純黑芝麻粉	10	60

成品約9~10個

雞蛋饅頭

材料	百分比(%)	份量(克)
中筋麵粉	80	480
低筋麵粉	20	120
泡打粉	1	6
速溶酵母	1.5	9
水	47	282
細砂糖	8	48
白油	3	18
全蛋	15	90
卡士達粉	5	30

做 法

1. 速溶酵母放入1大匙水中溶解。中筋麵粉、細砂糖、泡打粉、奶粉、黑芝麻粉等混合均勻。
2. 放入酵母溶液、水拌至成糰。放入白油,將麵糰揉至光滑。(見圖**1**)
3. 放入發酵桶中,蓋上蓋子或濕布,發酵15～20分鐘。(詳細的發麵麵糰製作過程參照p.14)
4. 不需要揉,直接將麵糰擀成厚0.5公分、寬約20公分長方形狀的光滑麵皮。
5. 將麵皮從下往上捲成圓柱狀,整型,切成每段6～7公分、重100克。(見圖**2**)
6. 一段一段放入蒸籠(每個間隔2公分),放置一旁蓋上濕布發酵10～15分鐘。以中小火蒸10～11分鐘。

好好吃 補給站 熟純黑芝麻粉很香,不過價錢較貴;黑芝麻粉要放冰箱冷藏保存。

做 法

1. 速溶酵母放入1大匙水中溶解。雞蛋攪散。(見圖**1**)
2. 中、低筋麵粉、細砂糖、泡打粉、卡士達粉等混合均勻。
3. 放入酵母溶液、水、蛋液拌至成糰。放入白油,用手掌底部的力量,將麵糰揉至光滑。
4. 放入發酵桶中,蓋上蓋子或濕布,發酵15～20分鐘。(詳細的發麵麵糰製作過程參照p.14)
5. 不需要揉,直接將麵糰擀成厚0.5公分、寬約20公分長方形狀的光滑麵皮。
6. 將麵皮從下往上捲成圓柱狀,切割成長約6～7公分,每個約重100克。(見圖**2**)
7. 一段一段放入蒸籠(每個間隔2公分),放置一旁蓋上濕布發酵10～15分鐘。以中小火蒸10～11分鐘。

好好吃 補給站 卡士達粉是白色粉末,溶於水呈黃色,可以輔助雞蛋的顏色,所以又稱蛋黃粉,在一般烘焙店就買得到。

成品約9～10個

巧克力饅頭

巧克力饅頭
創意第一

材料	百分比 (%)	份量 （克）
中筋麵粉	80	480
低筋麵粉	20	120
泡打粉	1	6
速溶酵母	1.5	9
水	45	270
細砂糖	8	48
小蘇打粉	0.5	3
白油	2	12
巧克力粉	5	30

抹茶饅頭
清爽第一

成品約9～10個

抹茶饅頭

材料	百分比 (%)	份量 （克）
中筋麵粉	80	480
低筋麵粉	20	120
泡打粉	1	6
速溶酵母	1.5	9
水	55	330
細砂糖	8	48
奶粉	4	24
白油	3	18
抹茶粉	5	30

做法

1. 速溶酵母放入少許水溶解，小蘇打粉加入巧克力粉後，放入80克熱水（85℃）溶解。（見圖**1**）
2. 中、低筋麵粉、泡打粉、細砂糖等混合均勻。
3. 放入酵母溶液、巧克力粉溶液、水，拌至成糰。放入白油，將麵糰揉至光滑。
4. 放入發酵桶中，蓋上蓋子或濕布，發酵15～20分鐘。（詳細的發麵麵糰製作過程參照p.14）
5. 不需要揉，直接將麵糰擀成厚0.5公分、寬約20公分長方形狀的光滑麵皮。
6. 將麵皮從下往上捲成圓柱狀，整型，切成每段6～7公分、重100克。（見圖**2**）
7. 一段一段放入蒸籠（每個間隔2公分），放置一旁蓋上濕布發酵10～15分鐘。以中小火蒸10～11分鐘。

好好吃
補給站

巧克力粉是酸性食材，加一點鹼性的小蘇打粉來中和酸鹼值；巧克力粉含有油脂，熱水溶解效果較好，成品顏色佳。

做法

1. 速溶酵母放入1大匙水中溶解。中、低筋麵粉、細砂糖、泡打粉、奶粉、抹茶粉等混合均勻。（見圖**1**）
2. 放入酵母溶液、水拌至成糰。放入白油，用手掌底部的力量，將麵糰揉至光滑。
3. 放入發酵桶中，蓋上蓋子或濕布，發酵15～20分鐘。（詳細的發麵麵糰製作過程參照p.14）
4. 不需要揉，直接將麵糰擀成厚0.5公分、寬約20公分長方形狀的光滑麵皮。
5. 將麵皮從下往上捲成圓柱狀，切割成長約6～7公分，每個約重100克。（見圖**2**）
6. 一段一段放入蒸籠（每個間隔2公分），放置一旁蓋上濕布發酵10～15分鐘。以中小火蒸10～11分鐘。

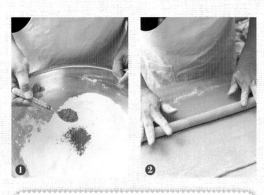

好好吃
補給站

抹茶粉有點苦澀味，所以多加點糖；抹茶饅頭蒸過後，顏色變得有點草黃色，那是天然的綠色加熱後的正常現象。

葡萄乾饅頭
多餡第一

阿華田饅頭
香濃第一

阿華田饅頭

材料	百分比 (%)	份量（克）
中筋麵粉	80	480
低筋麵粉	20	120
泡打粉	1	6
速溶酵母	1.5	9
水	55	330
細砂糖	2	12
白油	3	18
阿華田粉	8	48

做 法

1. 速溶酵母放入1大匙水中溶解。中、低筋麵粉、細砂糖、泡打粉、阿華田粉等混合均勻。（見圖1）
2. 放入酵母溶液、水拌至成糰。放入白油，將麵糰揉至光滑。（見圖2）
3. 放入發酵桶中，蓋上蓋子或濕布，發酵15～20分鐘。（詳細的發麵麵糰製作過程參照p.14）
4. 不需要揉，直接將麵糰擀成厚0.5公分、寬約20公分長方形狀的光滑麵皮。
5. 將麵皮從下往上捲成圓柱狀，切割成長約6～7公分，每個約重100克。
6. 一段一段放入蒸籠（每個間隔2公分），放置一旁蓋上濕布發酵10～15分鐘。以中小火蒸10～11分鐘。

好好吃補給站

阿華田本身就有甜味，所以在製作饅頭時可減糖。

葡萄乾饅頭

材料	百分比 (%)	份量（克）
中筋麵粉	100	600
泡打粉	1	6
速溶酵母	1.5	9
水	50	300
白油	2	12
葡萄乾	20	120

做 法

1. 速溶酵母放入1大匙水中溶解。葡萄乾放入2大匙蘭姆酒泡軟。
2. 麵粉、泡打粉等混合均勻。
3. 放入酵母溶液、水、葡萄乾拌至成糰。（見圖1）放入白油，將麵糰揉至光滑。
4. 放入發酵桶中，蓋上蓋子或濕布，發酵15～20分鐘。（詳細的發麵麵糰製作過程參照p.14）
5. 不需要揉，直接將麵糰擀成厚0.5公分、寬約20公分長方形狀的光滑麵皮。
6. 將麵皮從下往上捲成圓柱狀，切割成長約6～7公分，每個約重100克。（見圖2）
7. 一段一段放入蒸籠（每個間隔2公分），放置一旁蓋上濕布發酵10～15分鐘。以中小火蒸10～11分鐘。

好好吃補給站

葡萄乾本身就有甜味，所以配方內可不加糖。另外，果實比較大顆，帶點酸的翠綠色葡萄乾也可以選用。

雜糧堅果饅頭
養生第一

雜糧堅果饅頭

成品約9～10個

材料	百分比(%)	份量（克）
中筋麵粉	85	510
五穀雜糧粉	15	90
泡打粉	1	6
速溶酵母	1.5	9
水	55	330
紅糖	5	30
白油	2	12
黑芝麻粒	3	18
枸杞	10	60
葡萄乾	10	60
葵瓜子	10	60
核桃	10	60

好好吃 補給站　五穀雜糧粉放太多的話，饅頭彈性會變差；枸杞、葡萄乾可用蘭姆酒或白蘭地浸泡增加香氣；任何堅果都可以拿來做雜糧堅果饅頭。

做法

1. 速溶酵母放入1大匙水中溶解。枸杞、葡萄乾加入2大匙蘭姆酒，浸泡至微軟。（見圖**1**）
2. 麵粉、雜糧粉、泡打粉、紅糖等混合均勻。放入酵母溶液、水、黑芝麻粒、葵瓜子、核桃、泡好的枸杞、葡萄乾，拌至成糰。（見圖**2**）
3. 放入白油，將麵糰揉至光滑。（詳細的發麵麵糰製作過程參照p.14）
4. 放入發酵桶中，蓋上蓋子或濕布，發酵15～20分鐘。
5. 不需要揉，直接將麵糰擀成厚0.5公分、寬約20公分長方形狀的光滑麵皮。（見圖**3**）
6. 將麵皮從下往上捲成圓柱狀，切割成長約6～7公分，每個約重100克的麵糰。（見圖**4**）
7. 一段一段放入蒸籠（每個間隔2公分），放置一旁蓋上濕布發酵10～15分鐘。以中小火蒸10～11分鐘。

❶

❷

❸

❹

杏桃乾饅頭
天然第一

杏桃乾饅頭

 成品約9～10個

材料	百分比(%)	份量（克）
中筋麵粉	100	600
泡打粉	1	6
速溶酵母	1.5	9
水	55	330
細砂糖	2	12
白油	2	12
杏桃乾	20	120

好好吃 補給站 杏桃乾在進口的乾果烘焙店或蜜餞店都有賣，果肉脆中帶甜。

做 法

1. 速溶酵母放入1大匙水中溶解。杏桃放入2大匙蘭姆酒，浸泡微軟再切小丁。（見圖1）
2. 麵粉、細砂糖、泡打粉等混合均勻。放入酵母溶液、水、杏桃丁拌至成糰。（見圖2）
3. 放入白油，將麵糰揉至光滑。（見圖3）
4. 放入發酵桶中，蓋上蓋子或濕布，發酵15～20分鐘。（詳細的發麵麵糰製作過程參照p.14）
5. 不需要揉，直接將麵糰擀成厚0.5公分、寬約20公分長方形狀的光滑麵皮。
6. 將麵皮從下往上捲成圓柱狀，切割成長約6～7公分，每個約重100克。（見圖4）
7. 一段一段放入蒸籠（每個間隔2公分），放置一旁蓋上濕布發酵10～15分鐘。以中小火蒸10～11分鐘。

 ❶

 ❷

 ❸

 ❹

金桔乾饅頭
酸甜第一

鳳梨乾饅頭
滋味第一

金桔乾饅頭

材料	百分比(%)	份量（克）
中筋麵粉	100	600
泡打粉	1	6
速溶酵母	1.5	9
水	55	330
細砂糖	2	12
白油	2	12
金桔乾	20	120

好好吃 補給站 台灣是全世界金桔產量最大的國家，而台灣最大的產量在宜蘭，是當地的名產。

做法

1. 速溶酵母放入1大匙水中溶解。金桔乾切丁，放入2大匙蘭姆酒，浸泡微軟。（見圖1）
2. 麵粉、細砂糖、泡打粉等混合均勻。
3. 放入酵母溶液、水、金桔丁拌至成糰。放入白油，將麵糰揉至光滑。
4. 放入發酵桶中，蓋上蓋子或濕布，發酵15～20分鐘。（詳細的發麵麵糰製作過程參照p.14）
5. 不需要揉，直接將麵糰擀成厚0.5公分、寬約20公分長方形狀的光滑麵皮。（見圖2）
6. 將麵皮從下往上捲成圓柱狀，切割成長約6～7公分，每個約重100克。
7. 一段一段放入蒸籠（每個間隔2公分），放置一旁蓋上濕布發酵10～15分鐘。以中小火蒸10～11分鐘。

鳳梨乾饅頭

材料	百分比(%)	份量（克）
中筋麵粉	100	600
泡打粉	1	6
速溶酵母	1.5	9
水	55	330
細砂糖	2	12
白油	2	12
鳳梨乾	20	120

好好吃 補給站 鳳梨乾是先用糖蜜製再烘乾的，有點硬，所以需浸泡微軟，鳳梨香味才能融入饅頭內部。

做法

1. 速溶酵母放入1大匙水中溶解。鳳梨乾切丁，放入2大匙蘭姆酒，浸泡微軟。
2. 將麵粉、細砂糖、泡打粉等混合均勻。（見圖1）
3. 放入酵母溶液、水、鳳梨丁拌至成糰。放入白油，將麵糰揉至光滑。
4. 放入發酵桶中，蓋上蓋子或濕布，發酵15～20分鐘。（詳細的發麵麵糰製作過程參照p.14）
5. 不需要揉，直接將麵糰擀成厚0.5公分、寬約20公分長方形狀的光滑麵皮。
6. 將麵皮從下上捲成圓柱狀，切割成長約6～7公分，每個約重100克。（見圖2）
7. 一段一段放入蒸籠（每個間隔2公分），放置一旁蓋上濕布發酵10～15分鐘。以中小火蒸10～11分鐘。

化核應子饅頭
開胃第一

芭樂乾饅頭
清甜第一

芭樂乾饅頭

材料	百分比（%）	份量（克）
中筋麵粉	100	600
泡打粉	1	6
速溶酵母	1.5	9
水	55	330
細砂糖	2	12
白油	2	12
芭樂乾	20	120

做法

1. 速溶酵母放入1大匙水中溶解。芭樂乾切丁，放入2大匙蘭姆酒，浸泡微軟。（見圖1）
2. 麵粉、細砂糖、泡打粉等混合均勻。
3. 放入酵母溶液、水、芭樂乾丁拌至成糰。放入白油，將麵糰揉至光滑。
4. 放入發酵桶中，蓋上蓋子或濕布，發酵15～20分鐘。（詳細的發麵麵糰製作過程參照p.14）
5. 不需要揉，直接將麵糰擀成厚0.5公分、寬約20公分長方形狀的光滑麵皮。（見圖2）
6. 將麵皮從下往上捲成圓柱狀，切割成長約6～7公分，每個約重100克。
7. 一段一段放入蒸籠（每個間隔2公分），放置一旁蓋上濕布發酵10～15分鐘。以中小火蒸10～11分鐘。

好好吃 補給站　芭樂乾較硬，切細一點風味才能融入饅頭內。也可以買熟軟的紅心芭樂，以果汁機打成香濃的芭樂汁來製作。

❶

❷

化核應子饅頭

材料	百分比（%）	份量（克）
中筋麵粉	100	600
泡打粉	1	6
速溶酵母	1.5	9
水	55	330
細砂糖	2	12
白油	2	12
化核應子	20	120

做法

1. 速溶酵母放入1大匙水中溶解。化核應子切小丁。（見圖1）
2. 麵粉、細砂糖、泡打粉等混合均勻。
3. 放入酵母溶液、水、化核應子丁拌至成糰。放入白油，將麵糰揉至光滑。（見圖2）
4. 放入發酵桶中，蓋上蓋子或濕布，發酵15～20分鐘。（詳細的發麵麵糰製作過程參照p.14）
5. 不需要揉，直接將麵糰擀成厚0.5公分、寬約20公分長方形狀的光滑麵皮。
6. 將麵皮從下邊往上捲成圓柱狀，切割成長約6～7公分，每個約重100克。
7. 一段一段放入蒸籠（每個間隔2公分），放置一旁蓋上濕布發酵10～15分鐘。以中小火蒸10～11分鐘。

好好吃 補給站　化核應子很甜，因為是黑色軟爛的蜜餞，所以揉進麵糰裡完全無顆粒狀。

❶

❷

鹹饅頭鹹鹹甜甜的口感
真叫人欲罷不能！
適合當成正餐來吃，
忙碌的時候，別光吃漢堡、三明治，
換個口味，吃個鹹饅頭吧！

Part2 鹹味饅頭

乳酪粉饅頭
營養第一

青蔥饅頭
香氣第一

乳酪粉饅頭

材料	百分比(%)	份量(克)
中筋麵粉	85	510
低筋麵粉	15	90
泡打粉	1	6
速溶酵母	1.5	9
水	55	330
細砂糖	2	12
奶粉	4	24
白油	3	18
乳酪粉	10	60

好好吃 補給站
如果想要香濃的乳酪味，比例可以調整成20%，但要與其他食材拌合均勻，因乳酪粉含有油脂，篩網無法過篩。

做法

1. 速溶酵母放入1大匙水中溶解。中、低筋麵粉、細砂糖、泡打粉、奶粉、乳酪粉等混合均勻。（見圖1）
2. 放入酵母溶液、水拌至成糰。放入白油，將麵糰揉至光滑。
3. 放入發酵桶中，蓋上蓋子或濕布，發酵15～20分鐘。（詳細的發麵麵糰製作過程參照p.14）
4. 不需要揉，直接將麵糰擀成厚0.5公分、寬約20公分長方形狀的光滑麵皮。
5. 將麵皮從下往上捲成圓柱狀，切割成長約6～7公分，每個約重100克。（見圖2）
6. 一段一段放入蒸籠（每個間隔2公分），放置一旁蓋上濕布發酵10～15分鐘。
7. 以中小火蒸10～11分鐘。

青蔥饅頭

材料	百分比(%)	份量(克)
中筋麵粉	80	480
低筋麵粉	20	120
泡打粉	1	6
速溶酵母	1.5	9
水	55	330
細砂糖	2	12
鹽	1	6
白油	3	18
脫水青蔥末	5	30

好好吃 補給站
脫水的乾燥青蔥蒸過顏色會有點變黃，因為天然色素遇熱顏色會流失；乾燥青蔥要放冰箱冷藏，否則會變草黃色。

做法

1. 速溶酵母放入1大匙水中溶解。中、低筋麵粉、細砂糖、泡打粉、鹽、脫水青蔥末等混合均勻。（見圖1）
2. 放入酵母溶液、水拌至成糰。放入白油，將麵糰揉至光滑。
3. 放入發酵桶中，蓋上蓋子或濕布，發酵15～20分鐘。（詳細的發麵麵糰製作過程參照p.14）
4. 不需要揉，直接將麵糰擀成厚0.5公分、寬約20公分長方形狀的光滑麵皮。
5. 將麵皮從下往上捲成圓柱狀，切割成長約6～7公分，每個約重100克。（見圖2）
6. 一段一段放入蒸籠（每個間隔2公分），放置一旁蓋上濕布發酵10～15分鐘。以中小火蒸10～11分鐘。

毛豆仁饅頭
香脆第一

熱狗饅頭
滿足第一

毛豆仁饅頭

材料	百分比 (%)	份量（克）
中筋麵粉	80	480
低筋麵粉	20	120
泡打粉	1	6
速溶酵母	1.5	9
水	55	330
細砂糖	2	12
鹽	1	6
白油	3	18
毛豆仁	20	120

做 法

1. 速溶酵母放入1大匙水中溶解。毛豆仁洗淨放入沸水內煮熟，撈出瀝乾水分。（見圖1）
2. 將中、低筋麵粉、細砂糖、泡打粉、奶粉、毛豆仁等混合均勻。
3. 放入酵母溶液、水拌至成糰。放入白油，將麵糰揉至光滑。
4. 放入發酵桶中，蓋上蓋子或濕布，發酵15～20分鐘。（詳細的發麵麵糰製作過程參照p.14）
5. 不需要揉，直接將麵糰擀成厚0.5公分、寬約20公分長方形狀的光滑麵皮。（見圖2）
6. 將麵皮從下往上捲成圓柱狀。
7. 整型，切成每段6～7公分、重100克。
8. 一段一段放入蒸籠（每個間隔2公分），放置一旁，蓋上濕布發酵10～15分鐘。以中小火蒸10～11分鐘。

> **好好吃 補給站**
> 毛豆仁也可以切成小細粒，跟麵粉、水一起搓揉，成品造型很可愛。

熱狗饅頭

材料	百分比 (%)	份量（克）
中筋麵粉	85	510
低筋麵粉	15	90
泡打粉	1	6
速溶酵母	1.5	9
水	55	330
細砂糖	2	12
鹽	1	6
白油	2	12
熱狗（5 條）	10	60

做 法

1. 將熱狗切成細細的小段。將中、低筋麵粉、細砂糖、泡打粉、奶粉、熱狗段等混合均勻。（見圖1）
2. 放入酵母溶液、水拌至成糰。放入白油，將麵糰揉至光滑。
3. 放入發酵桶中，蓋上蓋子或濕布，發酵15～20分鐘。（詳細的發麵麵糰製作過程參照p.14）
4. 不需要揉，直接將麵糰擀成厚0.5公分、寬約20公分長方形狀的光滑麵皮。
5. 將麵皮從下往上捲成圓柱狀，切割成長約6～7公分，每個約重100克。（見圖2）
6. 一段一段放入蒸籠（每個間隔2公分），放置一旁，蓋上濕布發酵10～15分鐘。以中小火蒸10～11分鐘。

> **好好吃 補給站**
> 熱狗可以先放進烤箱，以150℃烤5分鐘，味道比較香，而且更有嚼勁。

成品約9～10個

蔬菜饅頭

材料	百分比 (%)	份量 （克）
中筋麵粉	80	480
低筋麵粉	20	120
泡打粉	1	6
速溶酵母	1.5	9
細砂糖	8	48
奶粉	4	24
白油	2	12
蔬菜汁	55	330

蔬菜饅頭
可口第一

成品約9～10個

牛蒡饅頭

材料	百分比 (%)	份量 （克）
中筋麵粉	100	600
泡打粉	1	6
速溶酵母	1.5	9
水	55	330
細砂糖	2	12
白油	2	12
牛蒡	25	150

牛蒡饅頭
元氣第一

1. 速溶酵母放入1大匙水中溶解。
2. 青江菜100克洗淨,切段放入果汁機內,加入1.5 碗清水搾成蔬菜汁。取330克備用。(見圖**1**)
3. 將中、低筋麵粉、細砂糖、泡打粉、奶粉等混 合均勻。
4. 放入酵母溶液、蔬菜汁拌至成糰。放入白油,將 麵糰揉至光滑。(見圖**2**)
5. 放入發酵桶中,蓋上蓋子或濕布,發酵15～20 分鐘。(詳細的發麵麵糰製作過程參照p.14)
6. 不需要揉,直接將麵糰擀成厚0.5公分、寬約20 公分長方形狀的光滑麵皮。
7. 將麵皮從下往上捲成圓柱狀,切割成長約6～7 公分,每個約重100克。
8. 一段一段放入蒸籠(每個間隔2公分),放置一 旁蓋上濕布發酵10～15分鐘。以中小火蒸10～ 11分鐘。

好好吃 補給站 把蔬菜渣一起倒入麵糰內揉製,可 以吃到一些纖維;所有蔬菜都可以 打成蔬菜汁加入麵皮內。

---

1. 速溶酵母放入1大匙水中溶解。牛蒡削去硬皮, 切成細絲後放入電鍋蒸熟。(見圖**1**)
2. 將中筋麵粉、細砂糖、泡打粉等混合均勻。
3. 放入酵母溶液、水、牛蒡絲拌至成糰。放入白 油,將麵糰揉至光滑。(見圖**2**)
4. 放入發酵桶中,蓋上蓋子或濕布,發酵15～20 分鐘。(詳細的發麵麵糰製作過程參照p.14)
5. 不需要揉,直接將麵糰擀成厚0.5公分、寬約20 公分長方形狀的光滑麵皮。
6. 將麵皮從下往上捲成圓柱狀,切割成長約6～7 公分,每個約重100克。
7. 一段一段放入蒸籠(每個間隔2公分),放置 一旁,蓋上濕布發酵10～15分鐘。以中小火蒸 10～11分鐘。

好好吃 補給站 牛蒡的硬皮纖維很粗,刀工好才切 得細,也可以用刨絲器刨絲。滴幾 滴檸檬汁可防止牛蒡絲氧化變黑。

胡蘿蔔饅頭
甘甜第一

洋蔥饅頭
辛甜第一

洋蔥饅頭

材料	百分比(%)	份量（克）
中筋麵粉	100	600
泡打粉	1	6
速溶酵母	1.5	9
水	55	330
鹽	1	6
胡椒粉	1.5	9
奶油	2	12
洋蔥	30	180

好好吃 補給站　洋蔥烤過後可以減少一些水氣，並且增加香氣。

做法

1. 速溶酵母放入1大匙水中溶解。洋蔥洗淨，去皮切0.5公分的細絲，放入烤箱烤15分鐘（爐溫170℃），取出冷卻備用。（見圖1）
2. 麵粉、鹽、胡椒粉、泡打粉混合均勻。
3. 放入酵母溶液、水、烤過的洋蔥絲拌至成糰。放入奶油揉至光滑。
4. 放入發酵桶中，蓋上蓋子或濕布，發酵15～20分鐘。（詳細的發麵麵糰製作過程參照p.14）
5. 不需要揉，直接將麵糰擀成厚0.5公分、寬約20公分長方形狀的光滑麵皮。
6. 將麵皮從下往上捲成圓柱狀，切割成長約6～7公分，每個約重100克。（見圖2）
7. 一段一段放入蒸籠（每個間隔2公分），放置一旁蓋上濕布發酵10～15分鐘。以中小火蒸10～11分鐘。

胡蘿蔔饅頭

材料	百分比(%)	份量（克）
中筋麵粉	100	600
泡打粉	1	6
速溶酵母	1.5	9
水	52	312
奶粉	3	18
白油	2	12
胡蘿蔔	30	180

好好吃 補給站　也可以將胡蘿蔔打成汁製作饅頭，蒸熟切絲的話，則可吃到全部的營養。

做法

1. 速溶酵母放入1大匙水中溶解。胡蘿蔔1/2根（約重180克）洗淨蒸熟，切細絲備用。
2. 麵粉、奶粉、泡打粉等混合均勻。
3. 放入酵母溶液、水、胡蘿蔔絲拌至成糰。放入白油揉至光滑。（見圖1）
4. 放入發酵桶中，蓋上蓋子或濕布，發酵15～20分鐘。（詳細的發麵麵糰製作過程參照p.14）
5. 不需要揉，直接將麵糰擀成厚0.5公分、寬約20公分長方形狀的光滑麵皮。（見圖2）
6. 將麵皮從下往上捲成圓柱狀，切割成長約6～7公分，每個約重100克。
7. 一段一段放入蒸籠（每個間隔2公分），放置一旁蓋上濕布發酵10～15分鐘。以中小火蒸10～11分鐘。

豌豆仁饅頭
Easy 第一

豌豆仁饅頭

成品約9～10個

材料	百分比 (%)	份量（克）
中筋麵粉	100	600
泡打粉	1	6
速溶酵母	1.5	9
水	52	312
細砂糖	2	12
白油	2	12
冷凍豌豆仁	30	180

好好吃
補給站
　碗豆仁是熟的不需再加熱，圓顆粒狀不易沾黏在麵糰上，所以用擀麵棍將豆子壓一下以免脫落。

做 法

1. 速溶酵母放入1大匙水中溶解。豌豆仁沖洗，放入沸水內汆燙1分鐘，撈出瀝乾備用。（見圖1）
2. 麵粉、細砂糖、泡打粉等混合均勻。放入酵母溶液、水、豌豆仁拌至成糰。（見圖2）
3. 放入白油，將麵糰揉至光滑。（見圖3）
4. 放入發酵桶中，蓋上蓋子或濕布，發酵15～20分鐘。（詳細的發麵麵糰製作過程參照p.14）
5. 不需要揉，直接將麵糰擀成厚0.5公分、寬約20公分長方形狀的光滑麵皮。
6. 將麵皮從下往上捲成圓柱狀，切割成長約6～7公分，每個約重100克。（見圖4）
7. 一段一段放入蒸籠（每個間隔2公分），放置一旁蓋上濕布發酵10～15分鐘。以中小火蒸10～11分鐘。

乳酪絲饅頭
豐盛第一

乳酪絲饅頭

成品約9～10個

材料	百分比(%)	份量（克）
中筋麵粉	85	510
低筋麵粉	15	90
泡打粉	1	6
速溶酵母	1.5	9
水	55	330
細砂糖	2	12
奶粉	4	24
白油	2	12
乳酪絲	20	120

好好吃 補給站
選購硬質有拉絲效果製作披薩的乳酪絲，出爐馬上吃，冷卻乳酪絲變硬，口感不佳。

做法

1. 速溶酵母放入1大匙水中溶解。中、低筋麵粉、細砂糖、泡打粉、奶粉等混合均勻。
2. 放入酵母溶液、水拌至成糰。放入白油，將麵糰揉至光滑。（見圖1）
3. 放入發酵桶中，蓋上蓋子或濕布，發酵15～20分鐘。（詳細的發麵麵糰製作過程參照p.14）
4. 不需要揉，直接將麵糰擀成厚0.5公分、寬約20公分長方形狀的光滑麵皮。（見圖2）
5. 麵皮上鋪乳酪絲。（見圖3）
6. 輕輕將麵皮從下往上捲成圓柱狀（捲緊，不可使乳酪絲脫落）。（見圖4）
7. 切割成長約6～7公分，每個約重100克。
8. 一段一段放入蒸籠（每個間隔2公分），放置一旁蓋上濕布發酵10～15分鐘。以中小火蒸10～11分鐘。

❶

❷

❸

❹

香菇饅頭
滿足第一

香菇饅頭

成品約9～10個

材料	百分比(%)	份量（克）
中筋麵粉	85	510
低筋麵粉	15	90
泡打粉	1	6
速溶酵母	1.5	9
水	55	330
細砂糖	2	12
白油	2	12
香菇 （6～7朵）	15	90

好好吃 補給站 香菇不可以用熱水或沸水泡，會破壞香氣。如果趕時間，以45℃溫水浸泡香菇，並滴下5～6滴沙拉油或1小匙砂糖輔助軟化。

做 法

1. 速溶酵母放入1大匙水中溶解。香菇6～7朵沖洗，放入冷水泡軟擠乾切成小條狀。（見圖**1**）

2. 炒菜鍋內倒入2小匙沙拉油，待油熱放入香菇，中火速炒1分鐘盛出，冷卻備用。（見圖**2**）

3. 中、低筋麵粉、細砂糖、泡打粉、香菇等混合均勻。放入酵母溶液、水拌至成糰。放入白油，將麵糰揉至光滑。（見圖**3**）

4. 放入發酵桶中，蓋上蓋子或濕布，發酵15～20分鐘。（詳細的發麵麵糰製作過程參照p.14）

5. 不需要揉，直接將麵糰擀成厚0.5公分、寬約20公分長方形狀的光滑麵皮。

6. 將麵皮從下往上捲成圓柱狀，切割成長約6～7公分，每個約重100克。（見圖**4**）

7. 一段一段放入蒸籠（每個間隔2公分），放置一旁蓋上濕布發酵10～15分鐘。以中小火蒸10～11分鐘。

❶

❷

❸

❹

成品約9～10個

火腿饅頭

吃飽飽第一

火腿饅頭

材料	百分比(%)	份量(克)
中筋麵粉	85	510
低筋麵粉	15	90
泡打粉	1	6
速溶酵母	1.5	9
水	55	330
細砂糖	2	12
鹽	1	6
白油	2	12
火腿丁	20	120

成品約9～10個

海苔饅頭

營養第一

海苔饅頭

材料	百分比(%)	份量(克)
中筋麵粉	80	480
低筋麵粉	20	120
泡打粉	1	6
速溶酵母	1.5	9
水	55	330
細砂糖	5	30
奶粉	4	24
白油	3	18
海苔粉	20	120

做 法

1. 速溶酵母放入1大匙水中溶解。中、低筋麵粉、細砂糖、泡打粉、鹽、火腿丁等混合均勻。（見圖**1**）
2. 放入酵母溶液、水拌至成糰。放入白油，將麵糰揉至光滑。
3. 放入發酵桶中，蓋上蓋子或濕布，發酵15～20分鐘。（詳細的發麵麵糰製作過程參照p.14）
4. 不需要揉，直接將麵糰擀成厚0.5公分、寬約20公分長方形狀的光滑麵皮。
5. 將麵皮從下往上捲成圓柱狀，切割成長約6～7公分，每個約重100克。（見圖**2**）
6. 一段一段放入蒸籠（每個間隔2公分），放置一旁蓋上濕布發酵10～15分鐘。以中小火蒸10～11分鐘。

好好吃 補給站
選購火腿片或塊都可以，但火腿丁及火腿片不要切得太大。

做 法

1. 速溶酵母放入1大匙水中溶解。中、低筋麵粉、細砂糖、泡打粉、奶粉、海苔粉等混合均勻。
2. 放入酵母溶液、水拌至成糰。放入白油，將麵糰揉至光滑。（見圖**1**）
3. 放入發酵桶中，蓋上蓋子或濕布，發酵15～20分鐘。（詳細的發麵麵糰製作過程參照p.14）
4. 不需要揉，直接將麵糰擀成厚0.5公分、寬約20公分長方形狀的光滑麵皮。
5. 將麵皮從下往上捲成圓柱狀，切割成長約6～7公分，每個約重100克。（見圖**2**）
6. 一段一段放入蒸籠（每個間隔2公分），放置一旁蓋上濕布發酵10～15分鐘。以中小火蒸10～11分鐘。

好好吃 補給站
也可以買海苔片剪成條狀製作，海苔有點鹽份，所以這道饅頭有微微的鹹甜味。

肉鬆饅頭
好感度第一

七味粉饅頭
香辣第一

肉鬆饅頭

材料	百分比(%)	份量(克)
中筋麵粉	100	600
泡打粉	1	6
速溶酵母	1.5	9
水	55	330
細砂糖	2	12
白油	2	12
海苔肉鬆	20	120
熟芝麻	適量	適量

好好吃 補給站

也可以用肉脯或肉乾片切丁來製作，風味也很不錯。

做 法

1. 速溶酵母放入1大匙水中溶解。麵粉、細砂糖、泡打粉等混合均勻。
2. 放入酵母溶液、水、肉鬆、熟芝麻拌至成糰。放入白油，將麵糰揉至光滑。（見圖1）
3. 放入發酵桶中，蓋上蓋子或濕布，發酵15～20分鐘。（詳細的發麵麵糰製作過程參照p.14）
4. 不需要揉，將麵糰擀成厚0.5公分、寬約20公分長方形狀的光滑麵皮。
5. 將麵皮從下往上捲成圓柱狀，切割成長約6～7公分，每個約重100克。（見圖2）
6. 一段一段放入蒸籠（每個間隔2公分），放置一旁蓋上濕布發酵10～15分鐘。以中小火蒸10～11分鐘。

七味粉饅頭

材料	百分比(%)	份量(克)
中筋麵粉	100	600
泡打粉	1	6
速溶酵母	1.5	9
水	55	330
細砂糖	2	12
鹽	1	6
白油	2	12
日本七味粉	4	24

好好吃 補給站

日本七味粉微辣，除了調味，也可以用來拌飯。

做 法

1. 速溶酵母放入1大匙水中溶解。麵粉、七味粉、細砂糖、鹽、泡打粉等混合均勻。
2. 放入酵母溶液、水拌至成糰。放入白油，將麵糰揉至光滑。
3. 放入發酵桶中，蓋上蓋子或濕布，發酵15～20分鐘。（詳細的發麵麵糰製作過程參照p.14）
4. 不需要揉，直接將麵糰擀成厚0.5公分、寬約20公分長方形狀的光滑麵皮。（見圖1）
5. 將麵皮從下往上捲成圓柱狀，切割成長約6～7公分，每個約重100克。（見圖2）
6. 一段一段放入蒸籠（每個間隔2公分），放置一旁蓋上濕布發酵10～15分鐘。以中小火蒸10～11分鐘。

黑胡椒鹽饅頭
新奇第一

黃金玉米饅頭
香甜第一

黑胡椒鹽饅頭

材料	百分比(%)	份量(克)
中筋麵粉	100	600
泡打粉	1	6
速溶酵母	1.5	9
水	55	330
細砂糖	2	12
白油	2	12
黑胡椒鹽	4	24

做法

1. 速溶酵母放入1大匙水中溶解。麵粉、黑胡椒過篩與細砂糖、泡打粉等混合均勻。

2. 放入酵母溶液、水拌至成糰。放入白油,將麵糰揉至光滑。

3. 放入發酵桶中,蓋上蓋子或濕布,發酵15～20分鐘。(詳細的發麵麵糰製作過程參照p.14)

4. 不需要揉,直接將麵糰擀成厚0.5公分、寬約20公分長方形狀的光滑麵皮。(見圖1)

5. 將麵皮從下往上捲成圓柱狀,切割成長約6～7公分,每個約重100克。(見圖2)

6. 一段一段放入蒸籠(每個間隔2公分),放置一旁蓋上濕布發酵10～15分鐘。以中小火蒸10～11分鐘。

 好好吃 補給站　黑胡椒鹽濃郁嗆辣,白胡椒鹽清香、辣味溫和,兩者風味不同。

黃金玉米饅頭

材料	百分比(%)	份量(克)
中筋麵粉	85	510
低筋麵粉	15	90
泡打粉	1	6
速溶酵母	1.5	9
水	53	318
細砂糖	2	12
奶粉	4	24
白油	3	18
罐頭玉米粒	20	120

做法

1. 速溶酵母放入1大匙水中溶解。玉米粒徹底瀝乾再使用。

2. 中、低筋麵粉、細砂糖、泡打粉、奶粉等混合均勻。

3. 放入酵母溶液、水、玉米粒拌至成糰。放入白油,將麵糰揉至光滑。(見圖1)

4. 放入發酵桶中,蓋上蓋子或濕布,發酵15～20分鐘。(詳細的發麵麵糰製作過程參照p.14)

5. 不需要揉,直接將麵糰擀成厚0.5公分、寬約20公分長方形狀的光滑麵皮。

6. 將麵皮從下往上捲成圓柱狀,切割成長約6～7公分,每個約重100克。(見圖2)

7. 一段一段放入蒸籠(每個間隔2公分),放置一旁蓋上濕布發酵10～15分鐘。以中小火蒸10～11分鐘。

 好好吃 補給站　罐頭的玉米粒要瀝乾,如果用的是新鮮玉米,則整束蒸熟後,再將玉米粒切下使用。

馬鈴薯饅頭
飽滿第一

鹹蛋黃饅頭
香鹹第一

鹹蛋黃饅頭

材料	百分比(%)	份量(克)
中筋麵粉	85	510
低筋麵粉	15	90
泡打粉	1	6
速溶酵母	1.5	9
水	55	330
細砂糖	2	12
奶粉	4	24
白油	2	12
鹹蛋黃(6個)	4	24

好好吃補給站 烤鹹蛋黃要注意時間，表面結皮，看起來油亮亮的即可。烤過頭整顆蛋黃會碎掉。

做法

1. 速溶酵母放入1大匙水中溶解。在鹹蛋黃表面上噴一些米酒去腥，放入烤箱烤3分鐘（爐溫120℃），取出冷卻切小粒。（見圖1）
2. 中、低筋麵粉、細砂糖、泡打粉、奶粉等混合均勻。
3. 放入酵母溶液、水、鹹蛋黃丁拌至成糰。放入白油，將麵糰揉至光滑。
4. 放入發酵桶中，蓋上蓋子或濕布，發酵15～20分鐘。（詳細的發麵麵糰製作過程參照p.14）
5. 不需要揉，直接將麵糰擀成厚0.5公分、寬約20公分長方形狀的光滑麵皮。（見圖2）
6. 將麵皮從下往上捲成圓柱狀，切割成長約6～7公分，每個約重100克。
7. 一段一段放入蒸籠（每個間隔2公分），放置一旁蓋上濕布發酵10～15分鐘。以中小火蒸10～11分鐘。

馬鈴薯饅頭

材料	百分比(%)	份量(克)
中筋麵粉	100	600
泡打粉	1	6
速溶酵母	1.5	9
水	55	330
胡椒粉	1.5	9
奶油	2	12
馬鈴薯	30	180

好好吃補給站 材料內改用奶油是因為奶油與馬鈴薯的風味很搭配，馬鈴薯經烤過水份減少有點乾硬，有塊狀的口感。

做法

1. 速溶酵母放入1大匙水中溶解。馬鈴薯沖洗削皮切成1公分小塊，放入1小匙的鹽抓拌均勻，醃漬20分鐘瀝掉水份，放入烤箱烤15分鐘（爐溫170℃）取出，冷卻備用。
2. 麵粉、胡椒粉、泡打粉等混合均勻。
3. 放入酵母溶液、水、烤過的馬鈴薯丁拌至成糰。放入奶油揉至光滑。（見圖1）
4. 放入發酵桶中，蓋上蓋子或濕布，發酵15～20分鐘。（詳細的發麵麵糰製作過程參照p.14）
5. 不需要揉，直接將麵糰擀成厚0.5公分、寬約20公分長方形狀的光滑麵皮。
6. 將麵皮從下往上捲成圓柱狀，切割成長約6～7公分，每個約重100克。（見圖2）
7. 一段一段放入蒸籠（每個間隔2公分），放置一旁蓋上濕布發酵10～15分鐘。以中小火蒸10～11分鐘。

成品約9～10個

白蘿蔔饅頭

白蘿蔔饅頭
古早味第一

材料	百分比 （%）	份量 （克）
中筋麵粉	100	600
泡打粉	1	6
速溶酵母	1.5	9
鹽	0.5	3
胡椒粉	1.5	9
白油	2	12
蝦米	5	30
白蘿蔔絲 湯汁	56	336

成品約9～10個

辣椒饅頭

材料	百分比 （%）	份量 （克）
中筋麵粉	100	600
泡打粉	1	6
速溶酵母	1.5	9
水	55	330
細砂糖	2	12
鹽	1	6
胡椒粉	1.5	9
白油	2	12
紅辣椒粉	2	12

辣椒饅頭
辛辣第一

做 法

1. 速溶酵母放入1大匙水中溶解。白蘿蔔1/2根削皮洗淨切細絲，放入炒菜鍋內放入2碗清水，小火煮至軟爛，冷卻後取330克白蘿蔔絲湯汁備用。蝦米放入溫水泡軟切碎。

2. 麵粉、鹽、胡椒粉、泡打粉等混合均勻。

3. 放入酵母溶液、白蘿蔔絲湯汁、蝦米拌至成糰。放入白油，將麵糰揉至光滑。（見圖1）

4. 放入發酵桶中，蓋上蓋子或濕布，發酵15～20分鐘。（詳細的發麵麵糰製作過程參照p.14）

5. 不需要揉，直接將麵糰擀成厚0.5公分、寬約20公分長方形狀的光滑麵皮。

6. 將麵皮從下往上捲成圓柱狀，切割成長約6～7公分，每個約重100克。（見圖2）

7. 一段一段放入蒸籠（每個間隔2公分），放置一旁蓋上濕布發酵10～15分鐘。以中小火蒸10～11分鐘。

好好吃 補給站 白蘿蔔絲水份比較多，所以饅頭的膨脹會差一點，如果只取蘿蔔汁製作，饅頭體積就會比較大。

做 法

1. 速溶酵母放入1大匙水中溶解。麵粉、辣椒粉過篩與細砂糖、鹽、泡打粉等混合均勻。（見圖1）

2. 放入酵母溶液、水拌至成糰。放入白油，將麵糰揉至光滑。（見圖2）

3. 放入發酵桶中，蓋上蓋子或濕布，發酵15～20分鐘。（詳細的發麵麵糰製作過程參照p.14）

4. 不需要揉，直接將麵糰擀成厚0.5公分、寬約20公分長方形狀的光滑麵皮。

5. 將麵皮從下往上捲成圓柱狀，切割成長約6～7公分，每個約重100克。

6. 一段一段放入蒸籠（每個間隔2公分），放置一旁蓋上濕布發酵10～15分鐘。以中小火蒸10～11分鐘。

好好吃 補給站 怕辣的人可改用匈牙利紅椒粉或韓國泡菜使用的辣椒粉，都香而不辣，還略帶甜味。

甜菜根饅頭
美觀第一

黃豆饅頭
低脂第一

甜菜根饅頭

材料	百分比（%）	份量（克）
中筋麵粉	100	600
泡打粉	1	6
速溶酵母	1.5	9
白油	2	12
奶粉	4	24
甜菜根汁	55	330

做法

1. 速溶酵母放入1大匙水中溶解。甜菜根洗淨切塊，放入果汁機，加水打成汁，取330克備用。

2. 麵粉、泡打粉、奶粉等混合均勻。

3. 放入酵母溶液、甜菜根汁拌至成糰。放入白油，將麵糰揉至光滑。（見圖1）

4. 放入發酵桶中，蓋上蓋子或濕布，發酵15～20分鐘。（詳細的發麵麵糰製作過程參照p.14）

5. 不需要揉，直接將麵糰擀成厚0.5公分、寬約20公分長方形狀的光滑麵皮。

6. 將麵皮從下往上捲成圓柱狀，切割成長約6～7公分，每個約重100克。（見圖2）

7. 一段一段放入蒸籠（每個間隔2公分），放置一旁蓋上濕布發酵10～15分鐘。以中小火蒸10～11分鐘。

> **好好吃補給站** 甜菜根的纖維質粗，可以過濾，只取汁來製作；甜菜根口味的成品經加熱後跟原本的顏色相差很多。

❶

❷

黃豆饅頭

材料	百分比（%）	份量（克）
中筋麵粉	100	600
泡打粉	1	6
速溶酵母	1.5	9
黃豆漿	55	330
細砂糖	2	12
白油	2	12
生黃豆	15	90

做法

1. 速溶酵母放入1大匙水中溶解。黃豆洗淨浸泡4小時後瀝乾，放入3碗清水放入電鍋蒸熟。冷卻倒入果汁機攪拌3分鐘，取330克黃豆漿備用。（見圖1）

2. 麵粉、細砂糖、泡打粉等混合均勻。

3. 放入酵母溶液、黃豆漿拌至成糰。放入白油，將麵糰揉至光滑。

4. 放入發酵桶中，蓋上蓋子或濕布，發酵15～20分鐘。（詳細的發麵麵糰製作過程參照p.14）

5. 不需要揉，直接將麵糰擀成厚0.5公分、寬約20公分長方形狀的光滑麵皮。（見圖2）

6. 將麵皮從下往上捲成圓柱狀，切割成長約6～7公分，每個約重100克。

7. 一段一段放入蒸籠（每個間隔2公分），放置一旁蓋上濕布發酵10～15分鐘。以中小火蒸10～11分鐘。

> **好好吃補給站** 黃豆必須蒸熟，不然會有豆腥味。把豆漿裡的細粒黃豆一起揉進麵糰裡，可以增加饅頭的香氣。

❶

❷

饅頭真的可說是千變萬化，
只要把材料稍微更改一下，
就又是一種新的口味。
現在養生潮流正夯，
不妨試試加進對身體有益的
健康食材來做饅頭吧！

Part3
養生饅頭

枸杞饅頭
明目第一

黑豆饅頭
好口感第一

枸杞饅頭

成品約9～10個

材料	百分比（%）	份量（克）
中筋麵粉	100	600
泡打粉	1	6
速溶酵母	1.5	9
水	50	300
細砂糖	2	12
白油	2	12
枸杞	15	90

做法

1. 速溶酵母放入1大匙水中溶解。枸杞加入水洗瀝乾，放置一旁，等果實柔軟再使用。（見圖1）

2. 麵粉、細砂糖、泡打粉等混合均勻。

3. 放入酵母溶液、水、枸杞拌至成糰。放入白油，將麵糰揉至光滑。

4. 放入發酵桶中，蓋上蓋子或濕布，發酵15～20分鐘。（詳細的發麵麵糰製作過程參照p.14）

5. 不需要揉，直接將麵糰擀成厚0.5公分、寬約20公分長方形狀的光滑麵皮。（見圖2）

6. 將麵皮從下往上捲成圓柱狀，切割成長約6～7公分，每個約重100克。

7. 一段一段放入蒸籠（每個間隔2公分），放置一旁蓋上濕布發酵10～15分鐘。以中小火蒸10～11分鐘。

> **好好吃 補給站** 枸杞不需要加太多水刻意浸泡，微濕即可使用，放置10幾分鐘，很快就軟了。

黑豆饅頭

成品約9～10個

材料	百分比（%）	份量（克）
中筋麵粉	100	600
泡打粉	1	6
速溶酵母	1.5	9
水	55	330
細砂糖	5	30
白油	2	12
黑豆粉	10	60
生黑豆	1.5	90

做法

1. 速溶酵母放入1大匙水中溶解。黑豆洗淨浸泡4小時後放入電鍋蒸熟，冷卻瀝乾備用。

2. 麵粉、細砂糖、泡打粉、黑豆等混合均勻。放入酵母溶液、水、蒸熟的黑豆拌至成糰。放入白油，將麵糰揉至光滑。（見圖1）

3. 放入發酵桶中，蓋上蓋子或濕布，發酵15～20分鐘。（詳細的發麵麵糰製作過程參照p.14）

4. 不需要揉，直接將麵糰擀成厚0.5公分、寬約20公分長方形狀的光滑麵皮。

5. 將麵皮從下往上捲成圓柱狀，切割成長約6～7公分，每個約重100克。（見圖2）

6. 一段一段放入蒸籠（每個間隔2公分），放置一旁蓋上濕布發酵10～15分鐘。以中小火蒸10～11分鐘。

> **好好吃 補給站** 黑豆粉就是烏豆粉，黑豆不易熟，如果用電鍋蒸，需要蒸兩次；黑豆皮富含營養，不要丟棄。

腰果饅頭
酥脆第一

南瓜籽饅頭
好吃第一

南瓜籽饅頭

材料	百分比（%）	份量（克）
中筋麵粉	100	600
泡打粉	1	6
速溶酵母	1.5	9
水	55	330
細砂糖	5	30
白油	2	12
南瓜籽	15	90

好好吃 補給站　南瓜籽不容易沾黏，
擀麵時要用力壓緊。

做法

1. 速溶酵母放入1大匙水中溶解。南瓜籽放入烤箱烤10分鐘（爐溫110℃），冷卻備用。
2. 麵粉、細砂糖、泡打粉等混合均勻。
3. 放入酵母溶液、水、南瓜籽拌至成糰。放入白油，將麵糰揉至光滑。（見圖1）
4. 放入發酵桶中，蓋上蓋子或濕布，發酵15～20分鐘。（詳細的發麵麵糰製作過程參照p.14）
5. 不需要揉，直接將麵糰擀成厚0.5公分、寬約20公分長方形狀的光滑麵皮。（見圖2）
6. 將麵皮從下往上捲成圓柱狀，切割成長約6～7公分，每個約重100克。
7. 一段一段放入蒸籠（每個間隔2公分），放置一旁蓋上濕布發酵10～15分鐘。以中小火蒸10～11分鐘。

腰果饅頭

材料	百分比（%）	份量（克）
中筋麵粉	100	600
泡打粉	1	6
速溶酵母	1.5	9
水	55	330
細砂糖	5	30
白油	2	12
腰果	20	120

好好吃 補給站　腰果等堅果類富含維他命E，可以直接生吃。烤過再製作，饅頭口感比較脆硬。

做法

1. 速溶酵母放入1大匙水中溶解。腰果放入烤箱烤15分鐘（爐溫110℃），取出切小粒。
2. 麵粉、細砂糖、泡打粉等混合均勻。
3. 放入酵母溶液、水、腰果粒拌至成糰。放入白油，將麵糰揉至光滑。（見圖1）
4. 放入發酵桶中，蓋上蓋子或濕布，發酵15～20分鐘。（詳細的發麵麵糰製作過程參照p.14）
5. 不需要揉，直接將麵糰擀成厚0.5公分、寬約20公分長方形狀的光滑麵皮。
6. 將麵皮從下往上捲成圓柱狀，切割成長約6～7公分，每個約重100克。（見圖2）
7. 一段一段放入蒸籠（每個間隔2公分），放置一旁蓋上濕布發酵10～15分鐘。以中小火蒸10～11分鐘。

松子饅頭
香脆第一

紅棗饅頭
香甜第一

松子饅頭

材料	百分比（%）	份量（克）
中筋麵粉	100	600
泡打粉	1	6
速溶酵母	1.5	9
水	55	330
細砂糖	2	12
白油	2	12
松子	15	90

做法

1. 速溶酵母放入1大匙水中溶解。松子放入烤箱烤10分鐘稍有焦黃色（爐溫110℃），取出備用。（見圖1）
2. 麵粉、細砂糖、泡打粉等混合均勻。
3. 放入酵母溶液、水、松子拌至成糰，再放入白油，將麵糰揉至光滑。（見圖2）
4. 放入發酵桶中，蓋上蓋子或濕布，發酵15～20分鐘。（詳細的發麵麵糰製作過程參照p.14）
5. 不需要揉，直接將麵糰擀成厚0.5公分、寬約20公分長方形狀的光滑麵皮。
6. 將麵皮從下往上捲成圓柱狀，切割成長約6～7公分，每個約重100克。
7. 一段一段放入蒸籠（每個間隔2公分），放置一旁蓋上濕布發酵10～15分鐘。以中小火蒸10～11分鐘。

好好吃補給站　松子烤過比較香且酥脆，但很容易烤焦，要小心。

紅棗饅頭

材料	百分比（%）	份量（克）
中筋麵粉	100	600
泡打粉	1	6
速溶酵母	1.5	9
水	53	318
細砂糖	2	12
白油	2	12
紅棗	20	120

做法

1. 速溶酵母放入1大匙水中溶解。紅棗放入溫水泡軟，去除果核後切小丁。（見圖1）
2. 麵粉、細砂糖、泡打粉等混合均勻。
3. 放入酵母溶液、水、紅棗丁拌至成糰。放入白油，將麵糰揉至光滑。（見圖2）
4. 放入發酵桶中，蓋上蓋子或濕布，發酵15～20分鐘。（詳細的發麵麵糰製作過程參照p.14）
5. 不需要揉，直接將麵糰擀成厚0.5公分、寬約20公分長方形狀的光滑麵皮。
6. 將麵皮從下往上捲成圓柱狀，切割成長約6～7公分，每個約重100克。
7. 一段一段放入蒸籠（每個間隔2公分），放置一旁蓋上濕布發酵10～15分鐘。以中小火蒸10～11分鐘。

好好吃補給站　紅棗也可以用蘭姆酒浸泡，滿香的。配方內全用中筋麵粉製作，饅頭的口感較有嚼勁，如果不習慣，就調整成中筋麵粉80%、低筋麵粉20%。

成品約9～10個

麥片饅頭

材料	百分比 (%)	份量 (克)
中筋麵粉	100	600
泡打粉	1	6
速溶酵母	1.5	9
水	53	318
細砂糖	5	30
奶粉	4	24
白油	3	18
麥片	20	120

麥片饅頭
簡單第一

成品約9～10個

小米饅頭

材料	百分比 (%)	份量 (克)
中筋麵粉	100	600
泡打粉	1	6
速溶酵母	1.5	9
水	40	240
細砂糖	5	30
奶粉	4	24
白油	3	18
熟小米	20	120

小米饅頭
元氣第一

1. 速溶酵母放入1大匙水中溶解。麥片噴水濕透，靜置10～15分鐘，等麥片變軟再使用。（見圖 **1**）
2. 中筋麵粉、細砂糖、泡打粉、奶粉等混合均勻。
3. 放入酵母溶液、水、浸泡好的麥片拌至成糰。放入白油，將麵糰揉至光滑。
4. 放入發酵桶中，蓋上蓋子或濕布，發酵15～20分鐘。（詳細的發麵麵糰製作過程參照p.14）
5. 不需要揉，直接將麵糰擀成厚0.5公分、寬約20公分長方形狀的光滑麵皮。
6. 將麵皮從下往上捲成圓柱狀，切割成長約6～7公分，每個約重100克，墊饅頭紙。（見圖**2**）
7. 一段一段放入蒸籠（每個間隔2公分），放置一旁蓋上濕布發酵10～15分鐘。以中小火蒸10～11分鐘。

好好吃補給站 如果用的是即溶麥片，直接加入麵粉內一起拌揉就可以了，不需加水浸泡。

1. 速溶酵母放入1大匙水中溶解。生小米60克沖洗2次，注入清水淹過小米表面，放入電鍋蒸熟，取120克冷卻備用。
2. 中筋麵粉、細砂糖、泡打粉、奶粉等混合均勻。
3. 放入酵母溶液、水、熟小米拌至成糰。放入白油，將麵糰揉至光滑。（見圖**1、2**）
4. 放入發酵桶中，蓋上蓋子或濕布，發酵15～20分鐘。（詳細的發麵麵糰製作過程參照p.14）
5. 不需要揉，直接將麵糰擀成厚0.5公分、寬約20公分長方形狀的光滑麵皮。
6. 將麵皮從下往上捲成圓柱狀，切割成長約6～7公分，每個約重100克。
7. 一段一段放入蒸籠（每個間隔2公分），放置一旁蓋上濕布發酵10～15分鐘。以中小火蒸10～11分鐘。

好好吃補給站 小米蒸熟後很濕黏，會降低麵糰的筋性，所以使用筋性較高的中筋麵粉，不要再搭配低筋麵粉。

紫米饅頭
流行第一

紫米饅頭

成品約9～10個

材料	百分比(%)	份量（克）
中筋麵粉	80	480
低筋麵粉	20	120
泡打粉	1	6
速溶酵母	1.5	9
水	53	318
細砂糖	5	30
奶粉	4	24
白油	3	18
熟紫米	20	120

好好吃補給站

紫米蒸軟即可，保持其完整的粒狀。如果蒸到呈糊狀，麵糰就會濕黏。

做 法

1. 速溶酵母放入1大匙水中溶解。100克紫米沖洗2次，注入清水淹過紫米表面。浸泡3～4小時，放入電鍋蒸熟，冷卻備用。

2. 中、低筋麵粉、細砂糖、泡打粉、奶粉等混合均勻。放入酵母溶液、水、蒸熟的紫米拌至成糰。（見圖**1**）

3. 放入白油，將麵糰揉至光滑。（見圖**2**）

4. 放入發酵桶中，蓋上蓋子或濕布，發酵15～20分鐘。（詳細的發麵麵糰製作過程參照p.14）

5. 不需要揉，直接將麵糰擀成厚0.5公分、寬約20公分長方形狀的光滑麵皮。（麵皮如果太乾燥，可噴一點水，見圖**3**）

6. 將麵皮從下往上捲成圓柱狀，切割成長約6～7公分，每個約重100克。（見圖**4**）

7. 一段一段放入蒸籠（每個間隔2公分），放置一旁，蓋上濕布發酵10～15分鐘。以中小火蒸10～11分鐘。

❶

❷

❸

❹

地瓜饅頭
好感第一

薑母粉饅頭
新潮第一

薑母粉饅頭

材料	百分比 (%)	份量（克）
中筋麵粉	85	510
低筋麵粉	15	90
泡打粉	1	6
速溶酵母	1.5	9
水	55	330
細砂糖	2	12
白油	2	12
紅糖	5	30
薑母粉	8	48

做 法

1. 速溶酵母放入1大匙水中溶解。細砂糖跟紅糖放入水中溶解。

2. 將中、低筋麵粉、薑母粉、泡打粉等混合均勻。放入酵母溶液、糖水拌至成糰。放入白油，將麵糰揉至光滑。（見圖1）

3. 放入發酵桶中，蓋上蓋子或濕布，發酵15～20分鐘。（詳細的發麵麵糰製作過程參照p.14）

4. 不需要揉，直接將麵糰擀成厚0.5公分、寬約20公分長方形狀的光滑麵皮。

5. 將麵皮從下往上捲成圓柱狀，切割成長約6～7公分，每個約重100克。（見圖2）

6. 一段一段放入蒸籠（每個間隔2公分），放置一旁蓋上濕布發酵10～15分鐘。以中小火蒸10～11分鐘。

> **好好吃 補給站** 超市的香料區有賣薑母粉，也可以買泡薑母茶湯的帶糖即溶粉做饅頭，即溶包的薑味淡，要多放一些，配方的紅糖就可省略。

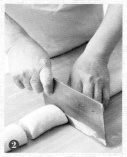

地瓜饅頭

材料	百分比 (%)	份量（克）
中筋麵粉	100	600
泡打粉	1	6
速溶酵母	1.5	9
水	50	300
細砂糖	2	12
奶粉	4	24
白油	2	12
地瓜泥	30	180

做 法

1. 速溶酵母放入1大匙水中溶解。地瓜削皮洗淨切絲。

2. 放入蒸籠蒸15～20分鐘，趁熱壓成泥狀備用。（見圖1）

3. 麵粉、細砂糖、泡打粉、奶粉等混合均勻。

4. 放入酵母溶液、水拌至成糰。放入地瓜泥、白油揉至光滑。

5. 放入發酵桶中，蓋上蓋子或濕布，發酵15～20分鐘。（詳細的發麵麵糰製作過程參照p.14）

6. 不需要揉，直接將麵糰擀成厚0.5公分、寬約20公分長方形狀的光滑麵皮。（見圖2）

7. 將麵皮從下往上捲成圓柱狀，切割成長約6～7公分，每個約重100克。

8. 一段一段放入蒸籠（每個間隔2公分），放置一旁蓋上濕布發酵10～15分鐘。以中小火蒸10～11分鐘。

> **好好吃 補給站** 加根莖類食材，如地瓜、南瓜、山藥等製作的饅頭因為含澱粉質多，所以膨脹力較差，口感綿軟。

成品約9～10個

麩皮饅頭

材料	百分比 (%)	份量 (克)
中筋麵粉	80	480
低筋麵粉	20	120
泡打粉	1	6
速溶酵母	1.5	9
水	56	336
細砂糖	5	30
奶粉	4	24
白油	3	18
麩皮	5	30

亞麻仁饅頭
可口第一

成品約9～10個

亞麻仁饅頭

材料	百分比 (%)	份量 (克)
中筋麵粉	100	600
泡打粉	1	6
速溶酵母	1.5	9
水	55	330
細砂糖	5	30
奶粉	4	24
白油	3	18
亞麻仁粉	10	60
亞麻仁籽	8	48

麩皮饅頭
養生第一

做法

1. 速溶酵母放入1大匙水中溶解。中、低筋麵粉、細砂糖、泡打粉、奶粉、麩皮等混合均勻。（見圖**1**）
2. 放入酵母溶液、水拌至成糰。放入白油，將麵糰揉至光滑。（見圖**2**）
3. 放入發酵桶中，蓋上蓋子或濕布，發酵15～20分鐘。（詳細的發麵麵糰製作過程參照p.14）
4. 不需要揉，直接將麵糰擀成厚0.5公分、寬約20公分長方形狀的光滑麵皮。
5. 將麵皮從下往上捲成圓柱狀，切割成長約6～7公分，每個約重100克。
6. 一段一段放入蒸籠（每個間隔2公分），放置一旁蓋上濕布發酵10～15分鐘。以中小火蒸10～11分鐘。

好好吃 補給站 市面上賣的全麥饅頭只加了小麥的麩皮製作，不能稱為全麥饅頭，要含有麩皮、胚乳、胚芽三種成份，才能稱作「全麥」，所以本食譜的名稱為「麩皮」饅頭。

做法

1. 速溶酵母放入1大匙水中溶解。麵粉、亞麻仁粉、奶粉與細砂糖、泡打粉等混合均勻。
2. 放入酵母溶液、水、亞麻仁籽拌至成糰。放入白油，將麵糰揉至光滑。
3. 放入發酵桶中，蓋上蓋子或濕布，發酵15～20分鐘。（詳細的發麵麵糰製作過程參照p.14）
4. 不需要揉，直接將麵糰擀成厚0.5公分、寬約20公分長方形的光滑麵皮後，將麵皮從下往上捲成圓柱狀。（見圖**1**）
5. 切割成長約6～7公分，每個約重100克。（見圖**2**）
6. 一段一段放入蒸籠（每個間隔2公分），放置一旁蓋上濕布發酵10～15分鐘。以中小火蒸10～11分鐘。

好好吃 補給站 亞麻仁籽是目前很夯的養生健康食材，風味很不錯，有褐色、金黃色等品種；將亞麻仁籽磨成粉，比較能攝取到它的營養素。

烏豆粉饅頭
簡單第一

紅麴饅頭
流行第一

紅麴饅頭

材料	百分比(%)	份量(克)
中筋麵粉	80	480
低筋麵粉	20	120
泡打粉	1	6
速溶酵母	1.5	9
水	55	330
細砂糖	8	48
白油	3	18
紅麴粉	5	30

好好吃 補給站 也可以用做菜用的紅麴醬、紅糟來製作饅頭，但效果沒有紅麴粉理想。

做法

1. 速溶酵母放入1大匙水中溶解。中、低筋麵粉、細砂糖、泡打粉、紅麴粉等混合均勻。
2. 放入酵母溶液、水拌至成糰。放入白油，將麵糰揉至光滑。（見圖1）
3. 放入發酵桶中，蓋上蓋子或濕布，發酵15～20分鐘。（詳細的發麵麵糰製作過程參照p.14）
4. 不需要揉，直接將麵糰擀成厚0.5公分、寬約20公分長方形狀的光滑麵皮。
5. 將麵皮從下往上捲成圓柱狀，切割成長約6～7公分，每個約重100克。（見圖2）
6. 一段一段放入蒸籠（每個間隔2公分），放置一旁蓋上濕布發酵10～15分鐘。以中小火蒸10～11分鐘。

烏豆粉饅頭

材料	百分比(%)	份量(克)
中筋麵粉	100	600
泡打粉	1	6
速溶酵母	1.5	9
水	55	330
細砂糖	5	30
奶粉	4	24
白油	3	18
烏豆粉	15	90

好好吃 補給站 烏豆粉是黑豆磨成細粉再經烘烤而成，添加太多麵糰膨脹力差。

做法

1. 速溶酵母放入1大匙水中溶解。將中筋麵粉、細砂糖、泡打粉、奶粉、烏豆粉等混合均勻。
2. 放入酵母溶液、水拌至成糰。放入白油，將麵糰揉至光滑。
3. 放入發酵桶中，蓋上蓋子或濕布，發酵15～20分鐘。（詳細的發麵麵糰製作過程參照p.14）
4. 不需要揉，直接將麵糰擀成厚0.5公分、寬約20公分長方形狀的光滑麵皮。（見圖1）
5. 將麵皮從下往上捲成圓柱狀，切割成長約6～7公分，每個約重100克。（見圖2）
6. 一段一段放入蒸籠（每個間隔2公分），放置一旁蓋上濕布發酵10～15分鐘。以中小火蒸10～11分鐘。

成品約9～10個

胚芽饅頭

材料	百分比 (%)	份量 (克)
中筋麵粉	80	480
低筋麵粉	20	120
泡打粉	1	6
速溶酵母	1.5	9
水	55	330
細砂糖	5	30
奶粉	4	24
白油	3	18
熟胚芽	10	60

胚芽饅頭
簡易第一

成品約9～10個

高粱米饅頭

材料	百分比 (%)	份量 (克)
中筋麵粉	100	600
泡打粉	1	6
速溶酵母	1.5	9
水	50	300
細砂糖	5	30
奶粉	4	24
白油	3	18
熟高粱米	20	120

高粱饅頭
創意第一

做 法

1. 速溶酵母放入1大匙水中溶解。中、低筋麵粉、細砂糖、泡打粉、奶粉、胚芽等混合均勻。
2. 放入酵母溶液、水拌至成糰。放入白油,將麵糰揉至光滑。（見圖1）
3. 放入發酵桶中,蓋上蓋子或濕布,發酵15～20分鐘。（詳細的發麵麵糰製作過程參照p.14）
4. 不需要揉,直接將麵糰擀成厚0.5公分、寬約20公分長方形狀的光滑麵皮。
5. 將麵皮從下往上捲成圓柱狀,切割成長約6～7公分,每個約重100克。（見圖2）
6. 一段一段放入蒸籠（每個間隔2公分）,放置一旁蓋上濕布發酵10～15分鐘。以中小火蒸10～11分鐘。

好好吃 補給站 胚芽是很健康的食材,記得一定要用熟的胚芽製作,因為生胚芽會抑制酵母的發酵。

做 法

1. 速溶酵母放入1大匙水中溶解。高粱米80克沖洗2次,注入清水淹過高粱米表面,放入電鍋蒸熟,取120克冷卻備用。
2. 中筋麵粉、細砂糖、泡打粉、奶粉等混合均勻。
3. 放入酵母溶液、水、熟高粱米拌至成糰。放入白油,將麵糰揉至光滑。（見圖1）
4. 放入發酵桶中,蓋上蓋子或濕布,發酵15～20分鐘。（詳細的發麵麵糰製作過程參照p.14）
5. 不需要揉,直接將麵糰擀成厚0.5公分、寬約20公分長方形狀的光滑麵皮。
6. 將麵皮從下往上捲成圓柱狀,切割成長約6～7公分,每個約重100克。（見圖2）
7. 一段一段放入蒸籠（每個間隔2公分）,放置一旁蓋上濕布發酵10～15分鐘。以中小火蒸10～11分鐘。

好好吃 補給站 高粱米在大型的雜糧行就買得到,也可以改用高粱粉製作。

山藥饅頭
漂亮第一

無花果饅頭
香甜第一

山藥饅頭

材料	百分比（%）	份量（克）
中筋麵粉	100	600
泡打粉	1	6
速溶酵母	1.5	9
水	55	330
細砂糖	2	12
奶粉	4	24
白油	2	12
山藥	50	300

做法

1. 速溶酵母放入1大匙水中溶解。山藥400克削皮洗淨切丁，放入蒸籠蒸15～20分鐘，取300克冷卻備用。
2. 麵粉、細砂糖、泡打粉、奶粉等混合均勻。
3. 放入酵母溶液、水、蒸熟的山藥丁拌至成糰。放入白油，將麵糰揉至光滑。（見圖1）
4. 放入發酵桶中，蓋上蓋子或濕布，發酵15～20分鐘。（詳細的發麵麵糰製作過程參照p.14）
5. 不需要揉，直接將麵糰擀成厚0.5公分、寬約20公分長方形狀的光滑麵皮。
6. 將麵皮從下往上捲成圓柱狀，切割成長約6～7公分，每個約重100克。（見圖2）
7. 一段一段放入蒸籠（每個間隔2公分），放置一旁蓋上濕布發酵10～15分鐘。以中小火蒸10～11分鐘。

好好吃補給站 山藥品種很多，紫色比較好，日本帶脆滑的品種不適合製作本產品。

無花果饅頭

材料	百分比（%）	份量（克）
中筋麵粉	100	600
泡打粉	1	6
速溶酵母	1.5	9
水	55	330
細砂糖	2	12
奶粉	4	24
白油	2	12
無花果乾	20	120

做法

1. 速溶酵母放入1大匙水中溶解。無花果放入2大匙蘭姆酒，浸泡柔軟再切小丁。
2. 麵粉、細砂糖、泡打粉、奶粉等混合均勻。
3. 放入酵母溶液、水、無花果丁拌至成糰。放入白油，將麵糰揉至光滑。
4. 放入發酵桶中，蓋上蓋子或濕布，發酵15～20分鐘。（詳細的發麵麵糰製作過程參照p.14）
5. 不需要揉，直接將麵糰擀成厚0.5公分、寬約20公分長方形狀的光滑麵皮。（見圖1）
6. 將麵皮從下往上捲成圓柱狀，切割成長約6～7公分，每個約重100克。（見圖2）
7. 一段一段放入蒸籠（每個間隔2公分），放置一旁蓋上濕布發酵10～15分鐘。以中小火蒸10～11分鐘。

好好吃補給站 無花果外部有點硬，所以泡軟再切丁，果實內有小小粒的籽，直接嚼食略有甜味。

薑黃粉饅頭
唰嘴第一

巴西里饅頭
口味第一

巴西里饅頭

成品約9～10個

材料	百分比 (%)	份量（克）
中筋麵粉	100	600
泡打粉	1	6
速溶酵母	1.5	9
水	55	330
細砂糖	2	12
鹽	1	6
奶粉	4	24
白油	2	12
巴西里粉	10	60

好好吃 補給站 一般家中較難取得新鮮的巴西里，可用經乾燥後的巴西里粉代替，一般超市都有售。

做法

1. 速溶酵母放入1大匙水中溶解。
2. 麵粉、巴西里粉、細砂糖、鹽、泡打粉等混合均勻。（見圖1）
3. 放入酵母溶液、水拌至成糰。
4. 放入白油，將麵糰揉至光滑。
5. 放入發酵桶中，蓋上蓋子或濕布，發酵15～20分鐘。（詳細的發麵麵糰製作過程參照p.14）
6. 不需要揉，直接將麵糰擀成厚0.5公分、寬約20公分長方形狀的光滑麵皮。（見圖2）
7. 將麵皮從下往上捲成圓柱狀，切割成長約6～7公分，每個約重100克。
8. 一段一段放入蒸籠（每個間隔2公分），放置一旁蓋上濕布發酵10～15分鐘。以中小火蒸10～11分鐘。

薑黃粉饅頭

成品約9～10個

材料	百分比 (%)	份量（克）
中筋麵粉	100	600
泡打粉	1	6
速溶酵母	1.5	9
水	55	330
細砂糖	2	12
鹽	1	6
白油	2	12
薑黃粉	2	12

好好吃 補給站 薑黃粉有紓緩情緒的功效，用量少許顏色就很黃，歐洲國家喜歡入菜，早期亦當染料使用。

做法

1. 速溶酵母放入1大匙水中溶解。麵粉、薑黃粉、細砂糖、鹽、泡打粉等混合均勻。
2. 放入酵母溶液、水拌至成糰。放入白油，將麵糰揉至光滑。（見圖1）
3. 放入發酵桶中，蓋上蓋子或濕布，發酵15～20分鐘。（詳細的發麵麵糰製作過程參照p.14）
4. 不需要揉，直接將麵糰擀成厚0.5公分、寬約20公分長方形狀的光滑麵皮。
5. 將麵皮從下往上捲成圓柱狀，切割成長約6～7公分，每個約重100克。（見圖2）
6. 一段一段放入蒸籠（每個間隔2公分），放置一旁蓋上濕布發酵10～15分鐘。以中小火蒸10～11分鐘。

成品約9～10個

竹炭饅頭

竹炭饅頭
受歡迎第一

材料	百分比(%)	份量(克)
中筋麵粉	80	480
低筋麵粉	20	120
泡打粉	1	6
速溶酵母	1.5	9
水	55	330
細砂糖	8	48
奶粉	4	24
白油	3	18
竹炭粉	5	30

成品約9～10個

燕麥饅頭

燕麥饅頭
飽足第一

材料	百分比(%)	份量(克)
中筋麵粉	85	510
低筋麵粉	15	90
泡打粉	1	6
速溶酵母	1.5	9
水	53	318
細砂糖	5	30
奶粉	4	24
白油	2	12
熟燕麥	20	120

做法

1. 速溶酵母放入1大匙水中溶解。中、低筋麵粉、細砂糖、泡打粉、竹炭粉、奶粉等混合均匀。
2. 放入酵母溶液、水拌至成糰。放入白油，將麵糰揉至光滑。（見圖1）
3. 放入發酵桶中，蓋上蓋子或濕布，發酵15～20分鐘。（詳細的發麵麵糰製作過程參照p.14）
4. 不需要揉，直接將麵糰擀成厚0.5公分、寬約20公分長方形狀的光滑麵皮。
5. 將麵皮從下往上捲成圓柱狀，切割成長約6～7公分，每個約重100克。（見圖2）
6. 一段一段放入蒸籠（每個間隔2公分），放置一旁蓋上濕布發酵10～15分鐘。以中小火蒸10～11分鐘。

好好吃 補給站　烘焙店就買得到竹炭粉了，也可以用墨魚粉製作墨魚饅頭。

做法

1. 速溶酵母放入1大匙水中溶解。90克燕麥沖洗瀝乾，注入清水淹過燕麥表面，放入電鍋蒸熟，取120克冷卻備用。
2. 中、低筋麵粉、細砂糖、泡打粉、奶粉等混合均匀。
3. 放入酵母溶液、水、熟燕麥拌至成糰。放入白油，將麵糰揉至光滑。（見圖1）
4. 放入發酵桶中，蓋上蓋子或濕布，發酵15～20分鐘。（詳細的發麵麵糰製作過程參照p.14）
5. 不需要揉，將麵糰擀成厚0.5公分、寬約20公分長方形狀的光滑麵皮。
6. 將麵皮從下往上捲成圓柱狀，切割成長約6～7公分，每個約重100克。（見圖2）
7. 一段一段放入蒸籠（每個間隔2公分），放置一旁蓋上濕布發酵10～15分鐘。以中小火蒸10～11分鐘。

好好吃 補給站　燕麥很容易熟，口感很好不需浸泡，直接加水蒸熟即可。

大肉包、叉燒包、筍肉包……
是不是已經吃膩這些常見口味了呢？
以下介紹10款創新口味，
既經典又新潮的美味包子，
真的讓人忍不住一口接一口！

Part4
美味包子

培根莎莎醬包子
異國風第一

培根莎莎醬包子

麵 皮

材料	百分比 (%)	份量（克）
中筋麵粉	85	510
低筋麵粉	15	90
泡打粉	2	12
速溶酵母	2	12
水	52	312
細砂糖	3	18
奶粉	4	24
白油	2	12

餡 料

培根500克、蕃茄丁500克、洋蔥丁
150克

調 味 料

鹽1小匙、黑胡椒粉2小匙、洋香菜碎
20克、Tabasco醬100克、檸檬汁4大匙

做 法

1. 速溶酵母放入1大匙水中溶解備用。培根切小丁。
2. 莎莎醬的製作：蕃茄汆燙去皮切丁500克、洋蔥丁150克、香菜洗淨切碎20克、檸檬汁60c.c.、鹽5克、黑胡椒粉10克、Tabasco醬100克，全部調勻即成。炒鍋放入1大匙沙拉油，油熱放入培根丁、莎莎醬拌炒2分鐘成餡料，盛出冷卻備用。（見圖2）
3. 中筋麵粉、低筋麵粉、細砂糖、泡打粉混合均勻。
4. 放入酵母溶液、水拌揉成糰，再放入白油，將麵糰揉至均勻光滑。
5. 放入發酵桶內發酵15～20分鐘。（詳細的發麵麵糰製作過程參照p.14）
6. 分割成每一個重50克的小麵糰，擀成中間厚周邊薄，直徑約8～9公分的圓麵皮。（見圖3）
7. 包入餡料（蒸籠內要墊兩層紗布，包子底部還要墊包子紙）。（見圖4）
8. 放入蒸籠內靜置醒10～15分鐘後，以中火蒸10～11分鐘。

好好吃
補給站

做法2.中的莎莎醬，可以多製作一些，用來拌義大利麵或沾麵餅，都很好吃。

雪菜百頁包子
經典第一

雪菜百頁包子

成品約18～19個

麵皮

材料	百分比（%）	份量（克）
中筋麵粉	85	510
低筋麵粉	15	90
泡打粉	2	12
速溶酵母	2	12
水	52	312
細砂糖	3	18
奶粉	4	24
白油	2	12

餡料

雪裡紅300克、百頁300克、青蔥2根
（切碎）

調味料

1. 鹽1小匙、醬油1/2大匙、糖3小
   匙、胡椒粉1小匙、麻油2小匙
2. 太白粉水（太白粉2小匙＋1大匙清
   水混合）

做法

1. 速溶酵母放入1大匙水中溶解備用。雪菜沖洗去鹹味，
   擠乾水份切碎。百頁沖洗瀝乾水份，切2公分小段。
2. 炒鍋放入2大匙沙拉油，待油熱爆香蔥末。放入百
   頁拌炒均勻，再放入雪里紅、調味料1.拌炒均勻。
   放入調味料2.勾芡，冷卻備用。（見圖1）
3. 中筋麵粉、低筋麵粉、細砂糖、泡打粉、奶粉全部
   混合均勻。
4. 放入酵母溶液拌揉。放入白油揉至麵糰表面均勻
   光滑。
5. 放入發酵桶內發酵15～20分鐘。（詳細的發麵麵糰
   製作過程參照p.14）
6. 分割成每一個重50克的小麵糰，擀成中間厚周邊
   薄，直徑約8～9公分的圓麵皮。（見圖2、3）
7. 包入餡料（蒸籠內要墊兩層紗布，包子底部還要墊
   包子紙）。（見圖4）
8. 放入蒸籠內靜置醒10～15分鐘後，以中火蒸10～
   11分鐘。

好好吃
補給站
用沖洗的方式去除雪菜的鹹味，浸泡會流失
風味；雪菜百頁燴在一起是一道很有名氣的
江浙菜。南門市場有賣泡軟的百頁。

瓜子肉包子
唰嘴第一

瓜子肉包子

成品約18～19個

麵皮

材料	百分比(%)	份量(克)
中筋麵粉	85	510
低筋麵粉	15	90
泡打粉	2	12
速溶酵母	2	12
水	52	312
細砂糖	3	18
奶粉	4	24
白油	2	12

餡料

絞肉400克、青蔥2根、罐頭花瓜1/2罐

調味料

太白粉水（太白粉2小匙＋1大匙清水混合）

做法

1. 速溶酵母放入1大匙水中溶解備用。花瓜切碎。（見圖1）
2. 炒鍋放入1大匙沙拉油，油熱放入絞肉，中火炒3分鐘，放入花瓜、花瓜的醃漬汁2大匙拌炒均勻。
3. 放入太白粉水勾芡，盛出冷卻備用。
4. 中筋麵粉、低筋麵粉、細砂糖、泡打粉、奶粉全部混合均勻。
5. 放入酵母溶液、水拌揉成糰。放入白油揉至麵糰表面均勻光滑。
6. 放入發酵桶內發酵15～20分鐘。（詳細的發麵麵糰製作過程參照p.14）
7. 分割成每一個重50克的小麵糰，擀成中間厚周邊薄，直徑約8～9公分的圓麵皮。（見圖2）
8. 包入餡料（蒸籠內要墊兩層紗布，包子底部還要墊包子紙）。（見圖3、4）
9. 放入蒸籠內靜置醒10～15分鐘後，以中火蒸10～11分鐘。

好好吃 補給站 花瓜鹽份多，要切細。可以加一點糖降低鹹味。包子吃不完可放進冷凍庫保存，賞味期2星期。

豆腐包子
詢問度第一

豆腐包子

成品約18～19個

麵皮

材料	百分比(%)	份量（克）
中筋麵粉	85	510
低筋麵粉	15	90
泡打粉	2	12
速溶酵母	2	12
水	52	312
細砂糖	3	18
奶粉	4	24
白油	2	12

餡料

絞肉300克、豆腐2塊、青蔥2根（切碎）

調味料

1. 鹽2小匙、醬油1/2大匙、糖1小匙
2. 太白粉水（太白粉2小匙＋清水1大匙混合）、胡椒粉1小匙、麻油2小匙

做法

1. 速溶酵母放入1大匙水中溶解備用。豆腐沖洗切小丁，炒鍋燒熱倒入2大匙油，油熱入豆腐丁，煎至有些焦黃，取出備用。（見圖1）
2. 炒鍋裡放入1大匙沙拉油，油熱放入青蔥末爆香，放入絞肉、調味料1拌炒，再加入炒過的豆腐丁拌炒均匀。加入太白粉水勾芡，盛出冷卻再使用。（見圖2）
3. 中筋麵粉、低筋麵粉、細砂糖、泡打粉、奶粉全部混合均匀。
4. 放入酵母溶液、水拌揉成糰。放入白油揉至麵糰表面均匀光滑。（見圖3）
5. 放入發酵桶內發酵15～20分鐘。（詳細的發麵麵糰製作過程參照p.14）
6. 分割成每一個重50克的小麵糰，擀成中間厚周邊薄，直徑約8～9公分的圓麵皮。
7. 包入餡料（蒸籠內要墊兩層紗布，包子底部還要墊包子紙）。（見圖4）
8. 放入蒸籠內靜置醒10～15分鐘後，以中火蒸10～11分鐘。

> **好好吃 補給站**
> 豆腐煎過後不僅更香、口感更好，且水分減少，餡料比較好包；盒裝豆腐水份太多不適用，要購買傳統的板豆腐。

❶

❷

❸

❹

成品約18～19個

咖哩肉包子

麵 皮

材料	百分比 (%)	份量 (克)
中筋麵粉	85	510
低筋麵粉	15	90
泡打粉	2	12
速溶酵母	2	12
水	52	312
細砂糖	3	18
奶粉	4	24
白油	2	12

咖哩肉包子
接受度第一

成品約18～19個

熱狗乳酪包子

麵 皮

材料	百分比 (%)	份量 (克)
中筋麵粉	85	510
低筋麵粉	15	90
泡打粉	2	12
速溶酵母	2	12
水	52	312
細砂糖	3	18
奶粉	4	24
白油	2	12

熱狗乳酪包子
飽食第一

餡 料

絞肉300克、洋蔥1/2個（切碎）

調 味 料

1. 鹽1小匙、醬油1/2大匙、咖哩粉1大匙、胡椒粉1小匙
2. 太白粉水（太白粉2小匙＋1大匙清水混合）

好好吃 補給站　咖哩餡炒好將餡料內的油濾掉，才不會太油膩，而且油一旦滲透，包子皮會不好收口。

做 法

1. 速溶酵母放入1大匙水中溶解備用。
2. 炒鍋放入2大匙沙拉油，待油熱爆香洋蔥末，放入絞肉拌炒均勻，再放入咖哩粉、調味料1拌炒均勻。放入調味料2勾芡，冷卻備用。
3. 中筋麵粉、低筋麵粉、細砂糖、泡打粉、奶粉全部混合均勻。
4. 放入酵母溶液、水拌揉成糰。放入白油揉至麵糰表面均勻光滑。
5. 放入發酵桶內發酵15～20分鐘。（詳細的發麵麵糰製作過程參照p.14）
6. 分割成每一個重50克的小麵糰，擀成中間厚周邊薄，直徑約8～9公分的圓麵皮。（見圖1）
7. 包入餡料（蒸籠內要墊兩層紗布，包子底部還要墊包子紙）。（見圖2）
8. 放入蒸籠內靜置醒10～15分鐘後，以中火蒸10～11分鐘。

餡 料

熱狗15條、硬質乳酪絲200克、黑胡椒粉

好好吃 補給站　硬質乳酪絲就是製作披薩用的乳酪絲。冷卻後嚼勁變硬，會不好吃，所以最好趁熱食用。

做 法

1. 速溶酵母放入1大匙水中溶解備用。熱狗切小丁，與乳酪絲、黑胡椒粉拌勻備用。
2. 中筋麵粉、低筋麵粉、細砂糖、泡打粉、奶粉全部混合均勻。
3. 放入酵母溶液、水拌揉成糰。放入白油揉至麵糰表面均勻光滑。
4. 放入發酵桶內發酵15～20分鐘。（詳細的發麵麵糰製作過程參照p.14）
5. 分割成每一個重50克的小麵糰，擀成中間厚周邊薄，直徑約8～9公分的圓麵皮。（見圖1）
6. 包入餡料（蒸籠內要墊兩層紗布，包子底部還要墊包子紙）。（見圖2）
7. 放入蒸籠內靜置醒10～15分鐘後，以中火蒸10～11分鐘。

土豆麵筋包子
傳統風第一

泡菜包子
流行第一

成品約18～19個

泡菜包子

麵 皮

材料	百分比 (%)	份量 (克)
中筋麵粉	85	510
低筋麵粉	15	90
泡打粉	2	12
速溶酵母	2	12
水	52	312
細砂糖	3	18
奶粉	4	24
白油	2	12

成品約18～19個

土豆麵筋包子

麵 皮

材料	百分比 (%)	份量 (克)
中筋麵粉	85	510
低筋麵粉	15	90
泡打粉	2	12
速溶酵母	2	12
水	52	312
細砂糖	3	18
奶粉	4	24
白油	2	12

餡料

絞肉300克、韓國泡菜300克

好好吃
補給站　　絞肉一定要先炒過，否則餡料會蒸不熟；記得將泡菜水份擠掉一些，但不要過乾，否則泡菜的酸味與鮮味就沒了。

做法

1. 速溶酵母放入1大匙水中溶解備用。韓國泡菜擠掉一些水份稍切小片。（見圖1）
2. 炒鍋放入1大匙沙拉油，油熱放入絞肉、醬油1/2大匙，中火炒3分鐘，盛出冷卻，與泡菜拌勻備用。
3. 中筋麵粉、低筋麵粉、細砂糖、泡打粉、奶粉全部混合均勻。
4. 放入酵母溶液、水拌揉成糰。放入白油揉至麵糰表面均勻光滑。
5. 放入發酵桶內發酵15～20分鐘。（詳細的發麵麵糰製作過程參照p.14）
6. 分割成每一個重50克的小麵糰，擀成中間厚周邊薄，直徑約8～9公分的圓麵皮。
7. 包入餡料（蒸籠內要墊兩層紗布，包子底部還要墊包子紙）。（見圖2）
8. 放入蒸籠內靜置醒10～15分鐘後，以中火蒸10～11分鐘。

餡料

花生200克、麵筋100克

調味料

鹽1小匙、醬油1大匙、細砂糖1/2大匙

好好吃
補給站　　也可以買現成的土豆麵筋罐頭製作，但成本較高；購買麵筋時嗅一下，沒有異味才是新鮮貨。

做法

1. 速溶酵母放入1大匙水中溶解備用。花生沖洗瀝乾，加1碗清水放入電鍋蒸軟。
2. 麵筋入溫水泡軟，瀝乾水分，入炒鍋內加入鹽、醬油、糖、清水1碗。小火燜煮20分鐘放入花生，再燜煮10分鐘，盛出冷卻備用。
3. 中筋麵粉、低筋麵粉、細砂糖、泡打粉、奶粉全部混合均勻。
4. 放入酵母溶液、水拌揉成糰。放入白油揉至麵糰表面均勻光滑。
5. 放入發酵桶內發酵15～20分鐘。（詳細的發麵麵糰製作過程參照p.14）
6. 分割成每一個重50克的小麵糰，擀成中間厚周邊薄，直徑約8～9公分的圓麵皮。（見圖1）
7. 包入餡料（蒸籠內要墊兩層紗布，包子底部還要墊包子紙）。（見圖2）
8. 放入蒸籠內靜置醒10～15分鐘後，以中火蒸10～11分鐘。

成品約18～19個

黑糖冬瓜包子

麵皮

材料	百分比 (%)	份量 （克）
中筋麵粉	85	510
低筋麵粉	15	90
泡打粉	2	12
速溶酵母	2	12
水	52	312
細砂糖	3	18
奶粉	4	24
白油	2	12

黑糖冬瓜包子
甘甜第一

成品約18～19個

甘納豆包子

麵皮

材料	百分比 (%)	份量 （克）
中筋麵粉	85	510
低筋麵粉	15	90
泡打粉	2	12
速溶酵母	2	12
水	52	312
細砂糖	3	18
奶粉	4	24
白油	2	12

甘納豆包子
新奇第一

餡料

冬瓜糖300克、黑糖250克、烤熟白芝麻30克

做法

1. 速溶酵母放入1大匙水中溶解備用。冬瓜糖切小丁，與黑糖、熟芝麻拌勻備用。（見圖**1**）
2. 中筋麵粉、低筋麵粉、細砂糖、泡打粉、奶粉全部混合均勻。
3. 放入酵母溶液、水拌揉成糰。放入白油揉至麵糰表面均勻光滑。
4. 放入發酵桶內發酵15～20分鐘。（詳細的發麵麵糰製作過程參照p.14）
5. 分割成每一個重50克的小麵糰，擀成中間厚周邊薄，直徑約8～9公分的圓麵皮。（見圖**2**）
6. 包入餡料（蒸籠內要墊兩層紗布，包子底部還要墊包子紙）。
7. 放入蒸籠內靜置醒10～15分鐘後，以中火蒸10～11分鐘。

餡料

甘納豆150克

做法

1. 速溶酵母放入1大匙水中溶解備用。甘納豆切小丁備用。（見圖**1**）
2. 中筋麵粉、低筋麵粉、細砂糖、泡打粉、奶粉全部混合均勻。
3. 放入酵母溶液、水拌揉成糰。放入白油揉至麵糰表面均勻光滑。
4. 放入發酵桶內發酵15～20分鐘。（詳細的發麵麵糰製作過程參照p.14）
5. 分割成每一個重50克的小麵糰，擀成中間厚周邊薄，直徑約8～9公分的圓麵皮。
6. 包入餡料（蒸籠內要墊兩層紗布，包子底部還要墊包子紙）。（見圖**2**）
7. 放入蒸籠內靜置醒10～15分鐘後，以中火蒸10～11分鐘。

手感 饅頭包子

口味多、餡料豐，意想不到的黃金配方

作者	趙柏淯
攝影	徐榕志
編輯	郭靜澄、彭文怡
美術編輯	鄭雅惠
校對	連玉瑩
行銷	呂瑞芸
企畫統籌	李 橘
總編輯	莫少閒
出版者	朱雀文化事業有限公司
地址	北市基隆路二段13-1號3樓
電話	（02）2345-3868
傳真	（02）2345-3828
劃撥帳號	19234566 朱雀文化事業有限公司
e-mail	redbook@ms26.hinet.net
網址	http://redbook.com.tw
總經銷	大和書報圖書股份有限公司（02）8990-2588
ISBN	978-986-6029-11-0
初版五刷	2018.09
定價	350元
出版登記	北市業字第1403號

國家圖書館出版品預行編目資料

手感饅頭包子
－－口味多、餡料豐，意想不到
的黃金配方
趙柏淯著.一初版一台北市：
朱雀文化，2012【民101】
128面；　公分，一（Cook50；120）
ISBN　978-986-6029-11-0（平裝）
1.麵食食譜　2.點心食譜
427.38

熱狗乳酪包子
飽食第一

烏豆粉饅頭
簡單第一

胡蘿蔔饅頭
甘甜第一

毛豆仁饅頭
香脆第一

竹炭饅頭
受歡迎第一

鳳梨乾饅頭
滋味第一

豆腐包子
詢問度第一

蔬菜饅頭
可口第一

紅麴饅頭
流行第一

金桔乾饅頭
酸甜第一

青蔥饅頭
香氣第一

燕麥饅頭
飽足第一